U0842960

XML
编程与应用开发教程

主编　汤华茂　王璐烽

电子科技大学出版社
University of Electronic Science and Technology of China Press
·成都·

图书在版编目(CIP)数据

XML 编程与应用开发教程/汤华茂，王璐烽主编. --
成都：电子科技大学出版社，2018.1
ISBN 978-7-5647-5755-7

Ⅰ.①X… Ⅱ.①汤… ②王… Ⅲ.①可扩展标记语言
—程序设计—教材 Ⅳ.①TP312

中国版本图书馆 CIP 数据核字(2018)第 028065 号

内容简介

本书以技术需求为导向，以技术应用为核心，按照由浅入深、循序渐进的原则详细介绍了 XML 的各种相关知识和处理技术，还通过详实的案例示范了实际开发中如何应用 XML 知识。本书在介绍 XML，DTD，Schema，XPath，XSLT 等 XML 基础知识之上，详尽对 XMLDOM，JAXP DOM，JAXP SAX，DOM4J 以及 JDOM 等 XML 编程技术进行了分析。

XML 编程与应用开发教程
XML BIANCHENG YU YINGYONG KAIFA JIAOCHENG
汤华茂　王璐烽　主编

策划编辑　杜　倩　刘　愚
责任编辑　刘　愚

出版发行　电子科技大学出版社
　　　　　成都市一环路东一段 159 号电子信息产业大厦九楼　邮编　610051
主　　页　www. uestcp. com. cn
服务电话　028－83203399
邮购电话　028－83201495

印　　刷　三河市铭浩彩色印装有限公司
成品尺寸　170 mm×240 mm
印　　张　14.75
字　　数　255 千字
版　　次　2018 年 4 月第 1 版
印　　次　2024 年 9 月第 2 次印刷
书　　号　ISBN 978-7-5647-5755-7
定　　价　61.00 元

前 言

XML 可扩展标记语言是标准通用标记语言的子集，是一种用于标记电子文件使其具有结构性的标记语言。在电子计算机中，标记指计算机所能理解的信息符号，通过此种标记，计算机之间可以处理包含的各种信息，比如文章等。XML 可以用来标记数据、定义数据类型，是一种允许用户对自己的标记语言进行定义的源语言，非常适合万维网传输，提供统一的方法来描述和交换独立于应用程序或供应商的结构化数据。XML 是 Internet 环境中跨平台的、依赖于内容的技术，也是当今处理分布式结构信息的有效工具。

本书以技术需求为导向，以技术应用为核心，以任务驱动为主线，以应用开发为重点，以能力提升为目标，结合教学规律按照由浅入深、循序渐进、理论够用、实践为主的原则，精心设计、合理安排教学内容，全书共分为 11 章，课程内容及学时安排如下表所示。

章节	主要内容	课程学时	实践学时
第 1 章	XML 概述	2	4
第 2 章	XML 语法基础	4	
第 3 章	文档类型定义	4	4
第 4 章	XML Schema	6	4
第 5 章	XPath	2	2
第 6 章	XSLT	4	4
第 7 章	XML DOM	4	4
第 8 章	Java XML 编程	4	4
第 9 章	Web Service 基础	4	4
第 10 章	Java Web Service 开发	4	
第 11 章	基于 Web Servicer 的在线投票系统	6	10

本书的主要特点：

1. 以实践项目为依托，以任务驱动为主线，在设计、分析、完成任务的过程中使学生掌握相关理论及实践技能；

2. 图表结合、文字点睛、案例诠释，多年教学经历积累的大量实用案例，使学生能够即学即用；

3. 大量习题及上机实验，能够比较全面地检测学生相关理论及技能的掌握情况。

由于作者经验不足、水平有限，且时间较为仓促，书中不妥之处在所难免，恳请广大读者多加指正、不吝赐教，并将宝贵的意见反馈至作者的电子邮箱：cqtanghuaomao@163.com。

作　者

2017 年 12 月

目　录

第 1 章　XML 概述 …… 1

1.1　XML 语言概述 …… 1

1.2　XML 应用 …… 4

1.3　XML 开发工具 …… 8

1.4　本章小结 …… 17

1.5　习题 …… 17

第 2 章　XML 语法基础 …… 20

2.1　XML 文档结构 …… 20

2.2　XML 语法规则 …… 21

2.3　XML 声明 …… 24

2.4　文档内容定义 …… 26

2.5　XML 命名空间 …… 31

2.6　本章小结 …… 34

2.7　习题 …… 34

第 3 章　文档类型定义 …… 37

3.1　DTD 简介 …… 37

3.2　DTD 声明 …… 38

3.3　DTD 语法 …… 43

3.4　本章小结 …… 56

3.5　习题 …… 56

第 4 章　XML Schema …… 59

4.1　XML Schema 简介 …… 59

4.2　XSD 文档结构 …… 60

4.3　XSD 数据类型 …… 64

4.4　简单类型声明 …… 68

4.5　复合类型声明 …… 73

4.6 本章小结 …… 79
4.7 习题 …… 79

第 5 章 XPath …… 83
5.1 XPath 简介 …… 83
5.2 XPath 节点 …… 83
5.3 XPath 语法 …… 86
5.4 XPath 运算符 …… 91
5.5 XPath 函数 …… 92
5.6 XPath 查询实例 …… 96
5.7 本章小结 …… 98
5.8 习题 …… 99

第 6 章 XSLT …… 102
6.1 XSLT 简介 …… 102
6.2 XSLT 文档 …… 104
6.3 XSLT 基本元素 …… 107
6.4 本章小结 …… 118
6.5 习题 …… 118

第 7 章 XML DOM …… 121
7.1 DOM 简介 …… 121
7.2 XML 文档解析 …… 122
7.3 DOM 节点对象 …… 125
7.4 DOM 节点操作 …… 132
7.5 DOM 编程实例 …… 140
7.6 本章小结 …… 144
7.7 习题 …… 144

第 8 章 Java XML 编程 …… 147
8.1 使用 JAXP 解析 XML …… 147
8.2 使用 dom4j 解析 XML …… 157
8.3 使用 JDOM 解析 XML …… 166
8.4 本章小结 …… 171
8.5 习题 …… 172

第 9 章　Web Service 基础 …… 174
9.1　Web Service 简介 …… 174
9.2　SOAP 协议简介 …… 177
9.3　WSDL 简介 …… 181
9.4　本章小结 …… 183
9.5　习题 …… 184

第 10 章　Java Web Service 开发 …… 185
10.1　Web Service 开发框架简介 …… 185
10.2　Axis2 Web Service 开发 …… 187
10.3　JAX-WS Web Service 开发 …… 202
10.4　本章小结 …… 206
10.5　习题 …… 206

第 11 章　基于 Web Servicer 的在线投票系统 …… 207
11.1　系统功能简介 …… 207
11.2　系统设计 …… 209
11.3　本章小结 …… 229

参考文献 …… 230

第 1 章　XML 概述

1.1　XML 语言概述

1.1.1　XML 语言简介

1.什么是 XML 语言

XML(eXtensible Markup Language),中文简称可扩展标记语言,是一种用于标记电子文件使其具有结构性的标记语言,方便信息或数据的传输和存储,它是 SGML(标准通用标记语言)的子集。XML 可以用来标记数据、定义数据类型,是一种允许用户对自己的标记语言进行定义的元语言,同时非常适合万维网传输,并提供统一的方法来描述和交换独立于应用程序或供应商的结构化数据。它既是 Internet 环境中跨平台的、依赖于内容的技术,也是当今处理分布式结构信息的有效工具。

以下是一个简单的 XML 文档实例,主要描述一本书的信息,这些信息包括书名、作者、出版日期和价格。

```
< ? xml version= "1.0"? >
< book>
  < title> XML 教程< /title>
  < author> 张三< /author>
  < date> 20160101< /date>
  < price> 30< /price>
< /book>
```

2.什么是标记语言

标记语言,又称为置标语言,是用一系列约定好的标记来对电子文档进行标记,以实现对电子文档的语义、结构及格式的定义。这些标记必须很容易将内容区分,并且易于识别。

标记语言最早用于出版业，是作者、编辑以及出版商之间用于描述出版作品的排版格式所使用的。当今广泛使用的标记语言是超文本标记语言(HTML)和可扩展标记语言(XML)。标记语言广泛应用于网页和网络应用程序。

3. 标记语言的起源

为了促进数据交换和操作，在 20 世纪 60 年代，通过研究人员的杰出工作，IBM 公司得出了重要的结论：要提高系统的移植性，必须采用一种通用的文档格式，这种文档的格式必须遵守特定的规则。这也就是创建 GML(Generalized Markup Language，通用标记语言)的指导原则，从人们所产生的将文件结构化为标准格式的动机出发，IBM 创建了 GML。

在对标记语言的概念达成共识的基础上，IBM 公司的研究人员 Charles Goldfarb 带领的开发团队完善了 GML，将其称为 SGML(Standard Generalized Markup Language，标记通用标记语言)。SGML 成为 IBM 内部格式化和维护合法化文件的手段，后来经拓展和修改，作为一种全面的信息标准以适应工业范围的广泛应用。1986 年，SGML 被国际标准化组织(ISO)所采纳。

1989 年，欧洲粒子物理实验室(CERT)的研究员 Tim Berners-Lee 和 Anders Berglund 共同创建了一种基于标记的语言 HTML，它可看作 SGML 的简单应用。后来由 IETF(The Internet Engineering Task Force，国际互联网工程任务组)用简化的 SGML(标准通用标记语言)语法进行进一步发展，最终成为国际标准，由 W3C(World Wide Web Consortium，万维网联盟)维护。

1996 年，人们开始致力于描述一个新的标记语言，它是一种在 WEB 中应用 SGML 的灵活性和强大功能的方法，W3C 成立了专家小组从事这项工作。1998 年 2 月，W3C 批准了 XML1.0 规范。XML 具备 SGML 的核心特性，但更加简洁，它的内容甚至不到 SGML 的十分之一。

1.1.2 HTML 与 XML 的区别

HTML 取得了令人难以置信的成功，但是它的应用范围受到限制，只适用于在浏览器中显示文档。HTML 文档里的标签并没有提供与标签之间的内容有关的信息，提供的只是告诉浏览器如何显示标签之间的内容的指令。

1. HTML 被设计用来显示数据

HTML 文档中的所有标记对于人来说没有任何意义，其语义信息仅仅是告诉浏览器以何种方式显示信息，HTML 文档所表达的信息和含义只有通过浏览器转换并显示出来人们才能理解(图 1.1)。HTML 关注的重点是：显示数据以及如何更好地显示数据。

```
<!doctype html> <html lang="en"> <head> <meta charset="UTF-8"> <title>Document</title> </head> <body> <table border="1"><tr> <td>收件人</td> <td>张三</td> </tr> <tr> <td>发件人</td> <td>李四</td> </tr> <tr> <td>主题</td> <td>开会提醒</td> </tr> <tr> <td>内容</td> <td>别忘记了下午3点钟开会哦！ </td> </tr> </table> </body> </html>
```

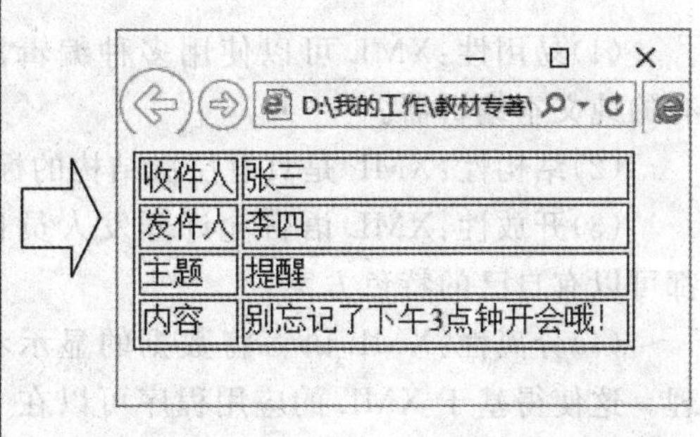

图 1.1　HTML 语义

2. XML 被设计用来描述数据

XML 文档中的数据是通过自定义标签以一种有意义和自描述的方式进行描述的(图 1.2)。自定义标签经领域专家精心选取，体现了人们的共识。例如，标签＜收件人＞对于人意为信件接收者，这样就可以推断标签中包括的数据是关于消息或信件接收者的信息。因此 XML 标记本身和 XML 的文档结构蕴含着一定的含义，这些标记对人来说是有意义的。XML 关注的重点是：什么是数据，如何描述或存放数据。

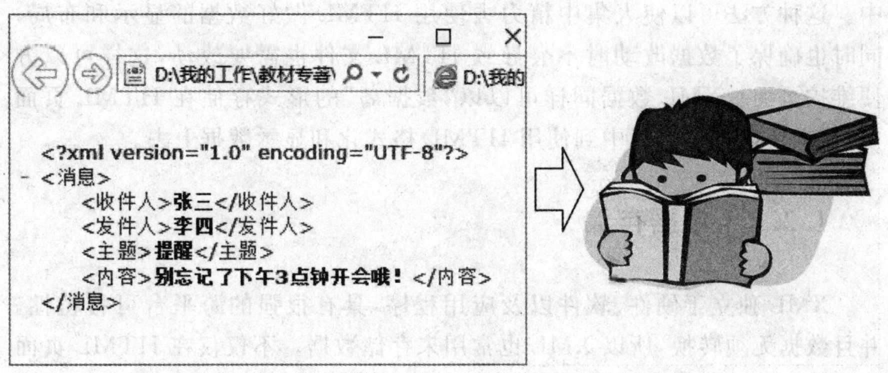

图 1.2　XML 语义

XML 不是 HTML 的替代,XML 和 HTML 的设计目的不同,主要差异为:

- XML 被设计用来传输和存储数据,其焦点是数据的内容;
- HTML 被设计用来显示数据,其焦点是数据的外观;
- HTML 旨在显示信息,而 XML 旨在传输信息。

1.1.3 XML 语言的特点

(1)易用性:XML 可以使用多种编辑器来进行编写,包括记事本等所有的纯文本编辑器。

(2)结构性:XML 是具有层次结构的标记语言,包括多层的嵌套。

(3)开放性:XML 语言允许开发人员自定义标记,这使得不同的领域都可以有自己的特色方案。

(4)分离性:XML 语言将数据的显示和数据的内容分开保存,各自处理。这使得基于 XML 的应用程序可以在 XML 文件中准确高效地搜索相关的数据内容,忽略其他不相关部分。

1.2 XML 应用

1.2.1 数据分离

XML 可以从 HTML 中分离数据。通过 XML,你可以在 HTML 文件之外存储数据。在没使用 XML 时,HTML 用于显示数据,数据必须存储在 HTML 文件之内;使用了 XML,数据就可以存放在分离的 XML 文档中。这种方法可以使人集中精力去使用 HTML 做好数据的显示和布局,同时也确保了数据改动时不会导致 HTML 文件也需要改动,这样可以方便维护页面。XML 数据同样可以以“数据岛”的形式存储在 HTML 页面中,使人可以将精力集中到使用 HTML 格式化和显示数据上去。

1.2.2 数据存储

XML 独立于硬件、软件以及应用程序,具有很强的跨平台可移植性,并且数据无须转换,所以 XML 也常用来存储数据。不仅仅在 HTML 页面中能访问 XML 数据,应用程序也可以从 XML 数据源中进行访问。XML

常被作为应用系统的配置文件供应用程序使用。通过XML,我们的数据可以供各种阅读设备使用(如手持计算机、语音设备、新闻阅读器等),还可供盲人和其他残障人士使用。

1.2.3　数据交换

数据交换是指数据在不同的信息实体(如硬件平台、操作系统、应用软件)之间相互发送、传递的过程。实行数据交换的不同信息实体必须统一建立一种数据传输的标准格式,因此在数据交换过程中会涉及不同数据格式之间的转换和适配。XML的很多特性使其成为数据交换领域事实上的标准。通过XML,可以在跨平台、不兼容的系统之间轻松地交换数据。

首先,XML使用元素和属性来描述数据。在数据传输过程中,XML始终保留了数据之间的关系和结构。应用程序之间可以共享和解析同一个XML文件,不必使用传统的字符串解析或拆解过程。使用XML交换数据可以使应用程序更具有弹性。

另外,XML还能够简化数据共享。在真实的世界中,计算机系统和数据使用不兼容的格式来存储数据。而XML数据以纯文本格式进行存储,因此提供了一种独立于软件和硬件的数据存储方法。这让创建不同应用程序可以共享数据变得更加容易。

1.2.4　系统集成

在计算机高速发展的进程中,企业和政府为提高办公和生产效率、简化办事和处理流程,建立了众多的业务系统,例如,企业资源管理系统、产品数据管理系统、办公自动化系统、保险业务系统、税务系统、公安人口管理系统等。在系统建设完成的初期,这些系统确实为办公效率的提高、日常业务处理的便利发挥了重要的作用。由于建设初期各种资源和技术上的限制,各单位、各系统各自为政,虽然越来越多的业务系统被开发和应用,人们可获取的信息越来越多,这些数据的价值也越来越为人们所认识,但是,数据以不同的格式分散存放在不同的业务系统和不同的数据库系统中,这些资源还是不能被有效地利用,这样就形成了众多的“信息孤岛”。

随着信息化进程的逐步深入和社会的不断进步,政府需要各个部门的协同配合以提供更灵活、方便的综合信息服务,企业之间也需要协作完成产品设计和生产制造。于是，这种最初建设的"信息孤岛"式业务系统也就慢慢地不能完全满足企业和政府的需要了。"信息孤岛"现象现在已经成为信息化建设的瓶颈，要解决"信息孤岛"现象，就必须实现各个业务系统间的互联互通、信息共享和系统集成，而解决这些问题的关键在于如何在各系统间进行有效的数据交换和共享。

XML 语言具有适宜异构应用间的数据共享，可以进行数据检索，XML 文档本身的节点就是一种由若干节点组成的数据结构，这种特点有利于高级语言通过调用 XML 编程接口访问 XML 节点，而且 XML 能通过网络进行传输。此外，XML 的 DTD 是 XML 词汇形式和完整性定义的理想描述技术，可以提供系统的一致性约束和正确性验证。所有这些优点使得 XML 成为目前绝大多数信息集成框架的首选方法。

1.2.5 内容管理

随着 IT 应用的深入普及，各行各业都积累了大量的信息资源。科学管理和合理开发这些内部和外部信息资源已经成为企业正确决策、增强竞争力的关键。研究部门调查发现，在企业存储的大量数据中，传统关系数据库管理系统（RDBMS）处理的结构化数据仅占数据信息总量的 15%，而全球 85%的信息是非结构化的，包括纸上的文件、报告、视频和音频文件、照片、传真件、信件等。如何管理这些非结构化信息是传统结构化数据管理的一大难题。

企业内容管理就是随着数据管理的发展而为客户提供的一种应用软件，它管理、集成和访问从音频、视频到扫描图像的各种格式的商业信息。内容管理处理的对象范围比传统关系数据库管理系统（RDBMS）处理的结构化数据更广，除了一般文字、文档、多媒体、流媒体外，还包括 Web 网页、广告、程序（如 JavaScript）、软件等一切数字资产（Digital Asset），即所有结构化的数据和非结构化的文档。内容管理解决方案重点解决各种非结构化或半结构化的数字资源的采集、管理、利用、传递和增值，并集成到结构化数据的信息系统中，如 ERP、CRM 等，从而为这些应用系统提供更加广泛的数据来源。

内容管理的顺畅有赖于内容的结构化，因为只有结构化，才能对内容分类、索引、排序和搜寻。利用 XML 相关工具来制作结构化的内容，正是内容管理的基础建设。通过数据转换方式，把原底层原有数据转换成 XML 格式，作为与别的系统衔接沟通的共同语言，再由一个信道把这些系统串联起来，把内容连接起来管理。这样，下层的原有运行的系统与数据，不论分散在什么地方、也不论什么格式，都可以维持不动、继续运行。概括来说，内容管理是将现有各个底层的数据，建为一个共同的目录控管机制，各个系统处理数据的软件，都依此目录配送，使数据流动横跨各系统，既不必制造一个集中的庞大数据库，也不必更改现有系统的运行。

1.2.6 电子商务

电子商务是经济全球化和贸易自由化的重要手段，也是传统产业变革和企业实现技术跨越的关键推动力，已成为各国政府为增强国家竞争力、赢得市场资源配置优势而大力推进的战略性任务。电子商务不是一个单纯的技术问题，而是一个跨国界、跨地区、跨行业、跨学科、跨领域的系统工程。标准化在其中起着协调和统一有关技术问题、更新经营观念、确立市场运营的技术规则、连接电子商务的各个环节的作用，确保其协同工作，使之有序、高效、快速、健康发展的作用。

电子商务包括两大类：一类是电子数据交换（EDI），另一类是基于XML的电子商务。联合国贸易便利化与电子业务中心（UN/CEFACT）将EDI定义为在增值网上一种电子数据传输方法，用这种方法，首先将商业或行政事务处理中的报文数据按照一个公认的标准形成结构化的事务处理的报文数据，然后将这些结构化的数据经由网络，从一个计算机传输到另一个计算机。

由于基于XML的电子商务是在互联网上进行，因此，必须为它的运行建立一套规则，即标准。这些标准包括基于XML的电子商务的网络标准、处理标准、数据标准和语义语法标准等。从当前工作重点上看，基于XML电子商务标准主要解决数据共享、业务协同、安全保密三大问题，即着重于以互联网为主要通信设施，以XML为信息描述语言，以业务交易数据语义、电子文档格式、业务过程、消息服务等为核心内容，并面向特定电子商务模式的综合性标准化解决方案的研制方面。

1.2.7 创建新语言

很多新的Internet语言是通过XML创建的，例如：

XHTML，最新的HTML版本，XHTML是更严谨更纯净的HTML版本。它的可扩展性和灵活性将适应未来网络应用更多的需求。

WSDL，网络服务描述语言，是Web Service的描述语言，它包含一系列描述某个Web Service的定义。

WML,无线标记语言,WML 是专门为手持式移动通信终端(手机)设计的标记语言。

RSS,简易信息聚合,是一种描述和同步网站内容的格式。RSS 目前广泛用于网上新闻频道,blog 和 wiki,主要的版本有 0.91,1.0,2。使用 RSS 订阅能更快地获取信息,网站提供 RSS 输出,有利于让用户获取网站内容的最新更新。

SVG,可缩放矢量图形,是一种描述二维图像的语言。它主要是一种向量图形语言,提供了一种实用、灵活、使用 XML 表示的图像格式,可以以文本的方式,轻松、实时地创建各种图形。

VoiceXML,语音扩展标记语言,是一种基于 XML 的因特网标记语言,用于开发语音用户界面。它是"语音 Web"使用的语言,使得用户可以使用电话来访问因特网的内容,可将其视为用于电话的 HTML。利用 VoiceXML 可以建立基于 Web 的语音应用和服务。VoiceXML 为语音应用领域展现了一个广阔的未来,在语音门户、语音呼叫中心(Call Center)、语音信息服务、语音电子商务等领域有着广泛的应用。

1.3 XML 开发工具

Altova XMLSpy 由 Altova 公司开发的符合行业标准的 XML 开发环境,是业内最畅销的 XML 编辑器和开发环境,用于建模、编辑、转换并调试所有与 XML 相关的技术。该开发工具提供全球领先的图形图解设计工具、代码生成器、文件转换器、调试器、剖析器以及完整数据库集成,支持 XSLT、XPath、XQuery、WSDL、SOAP、XBRL 和 Office Open XML(OOXML)文档,并提供 Visual Studio 和 Eclipse 插件等。

1.3.1 认识 Altova XMLSpy 2010

Altova XMLSpy 2010 的图形用户界面主要由菜单栏、工具栏、主窗口、Project 窗口、Info 窗口、Message 窗口以及输入助手窗口等组成(图 1.3)。

主窗口:显示正在编辑的文档的窗口,可用的文档视图数目与正在编辑的文档类型有关。可以根据需要在各种视图间进行切换。

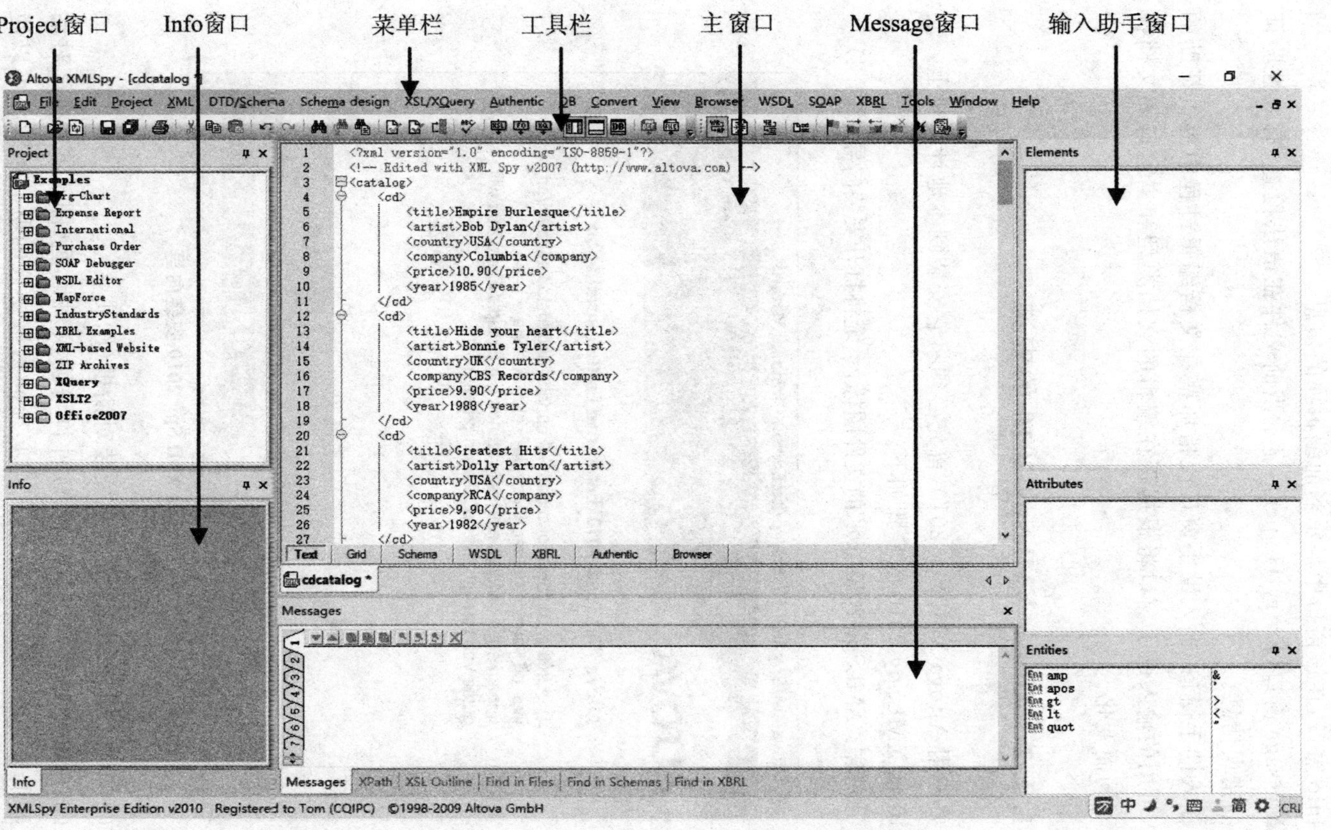

图1.3 Altova XMLSpy 2010的图形用户界面

Project 窗口:在该窗口中将文件组织为工程,并可对这些文件进行编辑。

Info 窗口:在该窗口中显示当前编辑项的信息。

Message 窗口(Entry Helper):显示当前文件在语法检查、有效性验证等时的错误信息。

输入助手窗口:输入助手窗口泛指那些在文档编辑过程中提供帮助的窗口,可用的输入助手窗口将根据正在编辑的文档类型和主窗口的文档视图的不同而变化。

1.3.2 Altova XMLSpy 2010 的安装

要使用 Altova XMLSpy 2010,首先必须将它安装到本地计算机上。安装 Altova XMLSpy 2010 的步骤如下。

(1)双击“XMLSpy 2010.exe”的文件图标,系统将打开安装向导(图 1.4)。

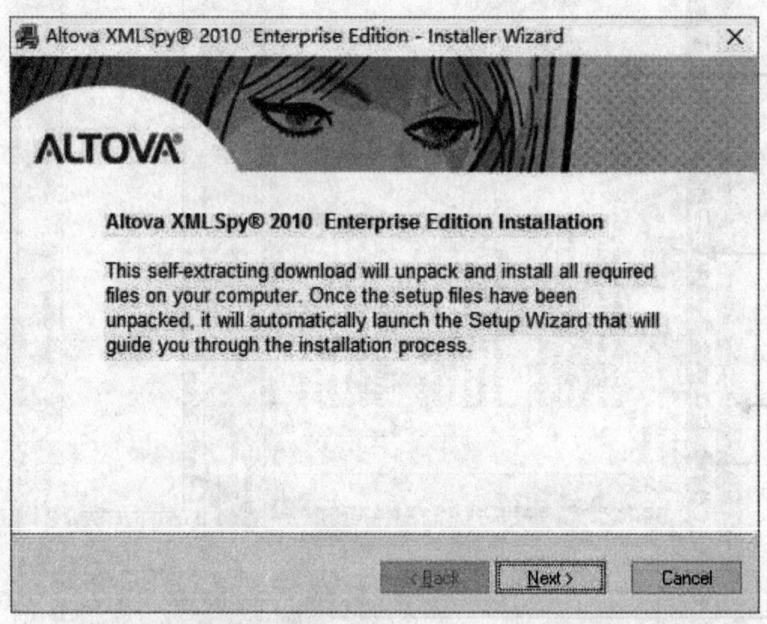

图 1.4 Altova XMLSpy 2010 安装向导

(2)单击“Next”按钮,将显示安装对话框(图 1.5)。

(3)单击“Next”按钮,将显示软件许可协议对话框(图 1.6),在该对话框中显示出了许可协议的全文,用户必须同意该协议的所有条款才可以使用该软件。选中“I accept the terms in the license agreement and privacy policy”的单选按钮。

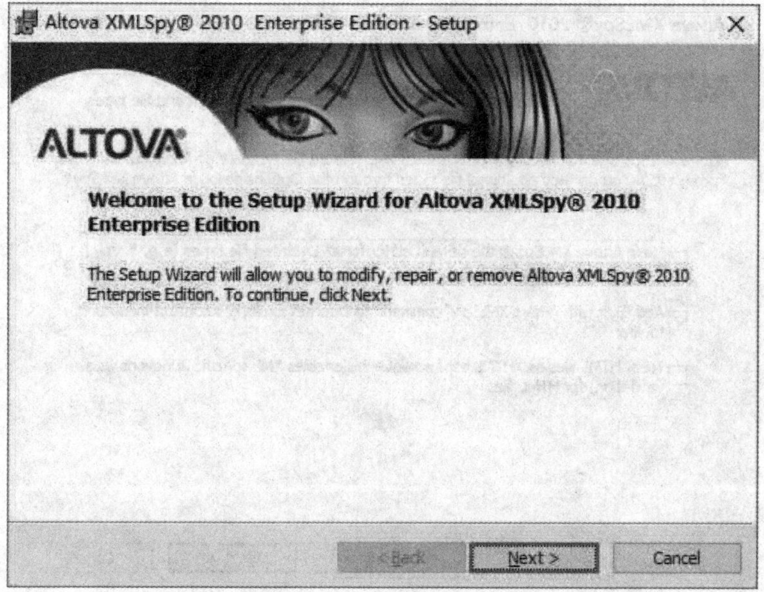

图 1.5 Altova XMLSpy 2010 安装对话框

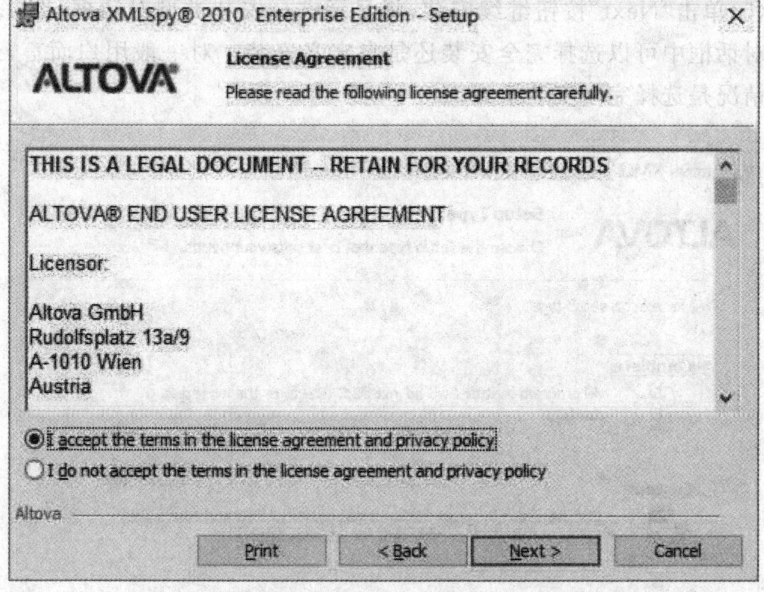

图 1.6 软件许可协议对话框

(4)单击“Next”按钮继续安装，将显示打开和编辑的文件类型关联对话框(图 1.7)，在该对话框中可以选择与 Altova XMLSpy 关联的文件类型。

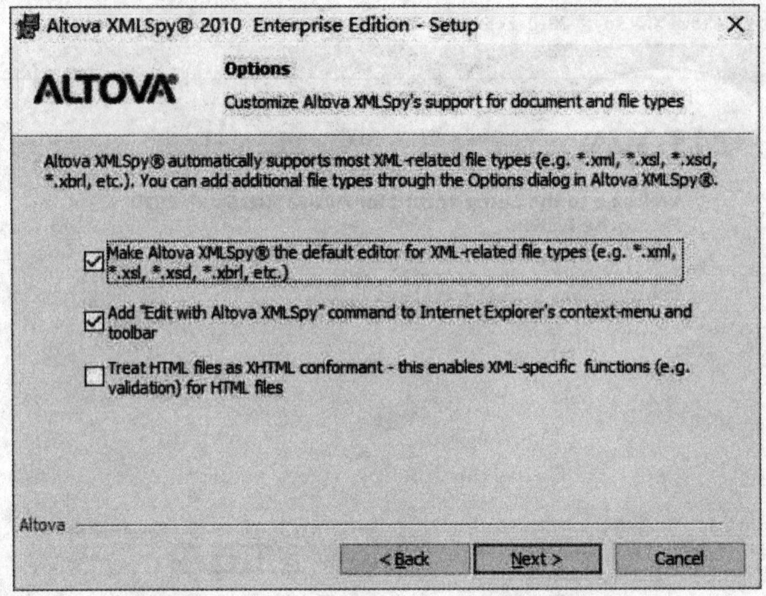

图 1.7　打开和编辑的文件类型关联对话框

(5)单击“Next”按钮继续安装,将显示选择安装类型对话框(图 1.8),在该对话框中可以选择完全安装还是自定义安装。对一般用户而言,最常用的情况是选择完全安装模式。

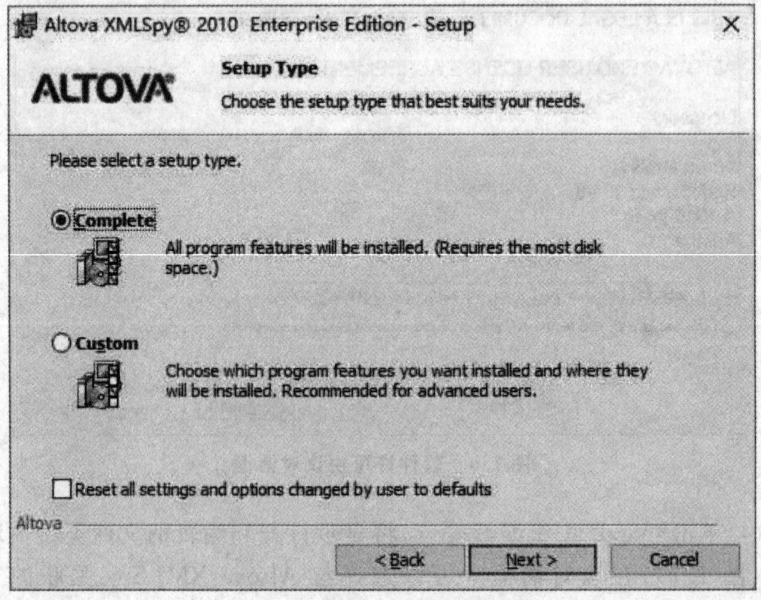

图 1.8　选择安装类型对话框

(6)单击“Next”按钮继续安装，将显示准备安装程序对话框(图 1.9)，用户可以选择安装，也可以选择取消。

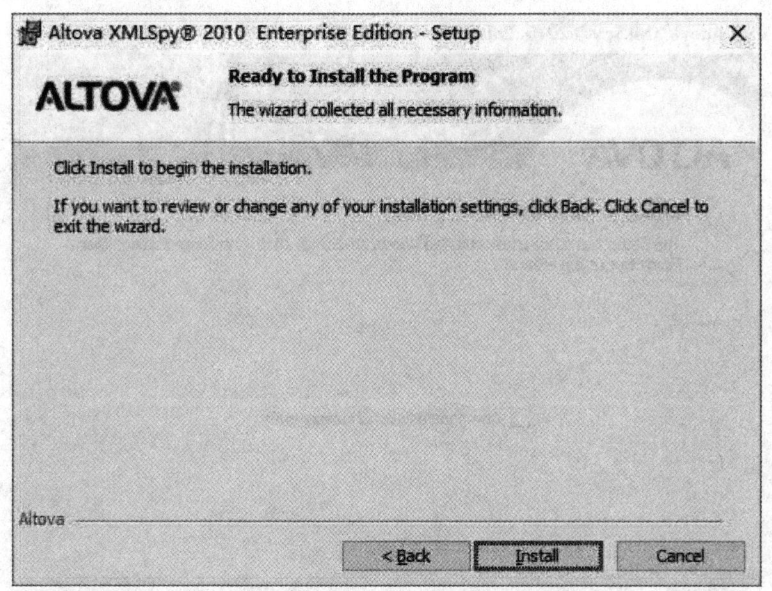

图 1.9　准备安装程序对话框

(7)单击“Install”，将开始安装，并显示安装进度对话框(图 1.10)。

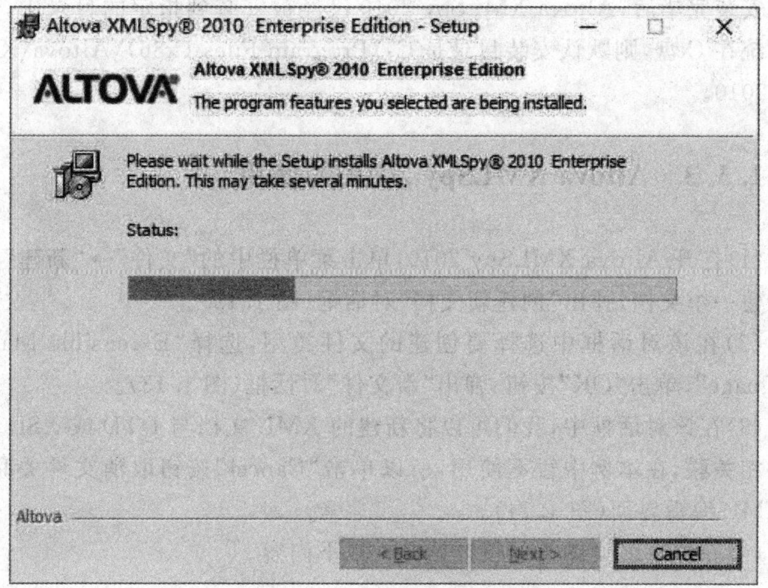

图 1.10　安装进度对话框

(8)安装完成后将显示安装完成对话框(图 1.11)。至此,Altova XMLSpy 2010 安装完毕,单击“Finish”按钮退出。

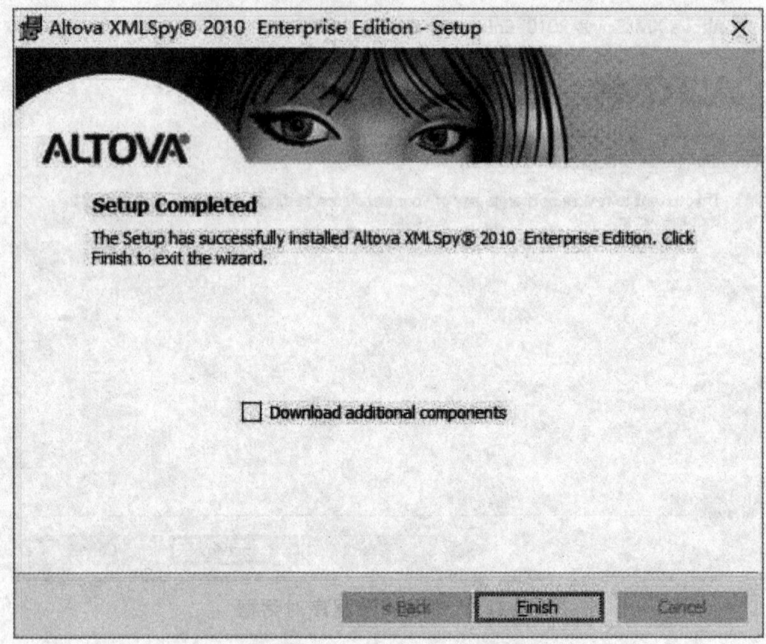

图 1.11 安装完成对话框

安装完毕后,Altova XMLSpy 2010 已经被安装到指定的目录中,若操作系统在 C 盘,则默认安装目录是 C:\Program Files (x86)\Altova\XMLSpy 2010。

1.3.3 Altova XMLSpy 2010 的使用

(1)打开 Altova XMLSpy 2010,单击菜单栏中的“文件”→“新建”菜单项新建一个文档,弹出“创建新文档”对话框(图 1.12)。

(2)在该对话框中选择要创建的文件类型,选择“Extensible Markup Language”,单击“OK”按钮,弹出“新文件”对话框(图 1.13)。

(3)在该对话框中,我们可以将新建的 XML 文档与 DTD 或 XSD 模式文件相关联,在本例中暂不使用,所以单击“Cancel”按钮取消文件关联,进入 XML 编辑界面(图 1.14)。

(4)在编辑窗口的第二行开始输入以下内容。

```
< ? xml version= "1.0" encoding= "UTF-8"? >
```

```
< note>
  < to> 张三< /to>
  < from> 李四< /from>
  < heading> 提醒< /heading>
  < body> 别忘了下午开会！< /body>
< /note>
```

(5)保存文件为 note. xml，点击主窗口底下的“Browser”按钮浏览 XML 文档(图 1.15)。其中的“notes”节点前面的“－”符号表示该节点是可以折叠的，折叠之后指针显示为“＋”。

(6)浏览 XML 文档时，如果有语法错误，将在 Messages 窗口显示出错信息(图 1.16)。

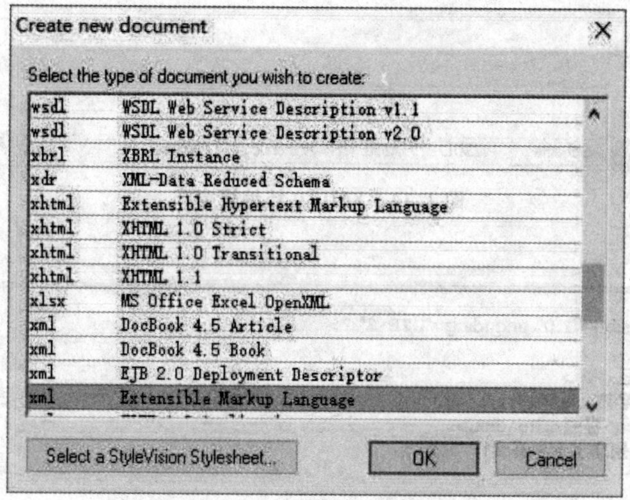

图 1.12 “创建新文档”对话框

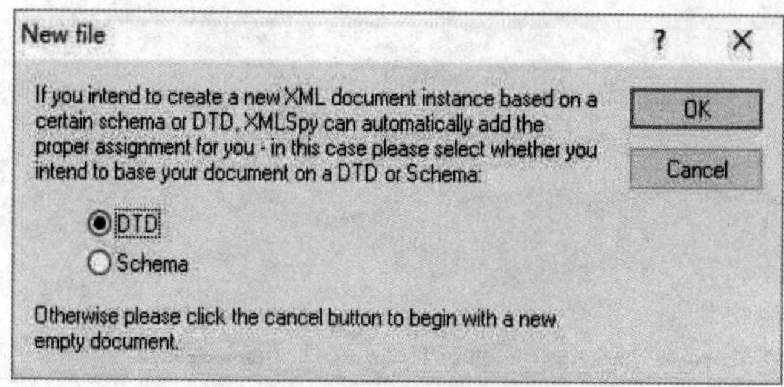

图 1.13 “新文件”对话框

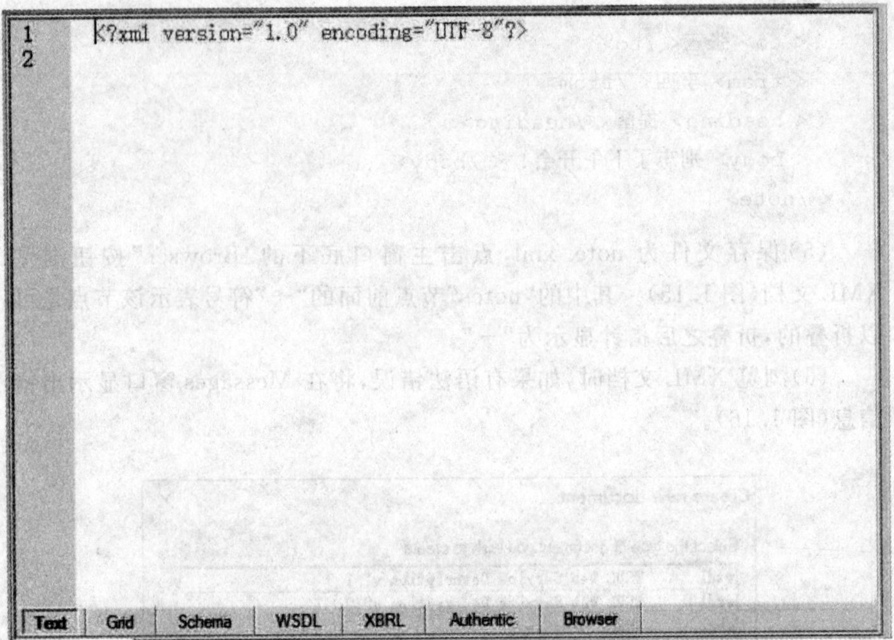

图 1.14　XML 文档编辑窗口

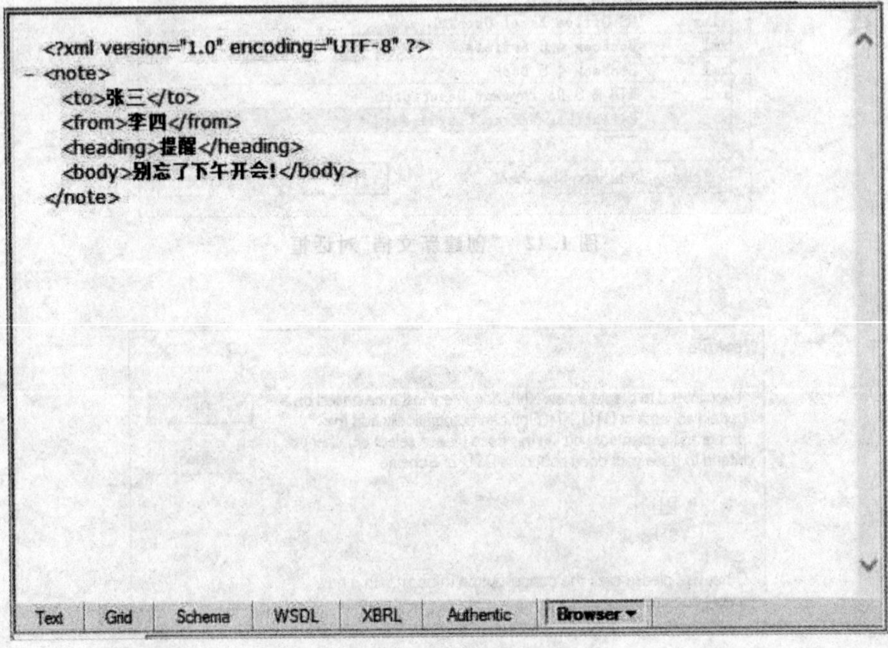

图 1.15　XML 文档浏览

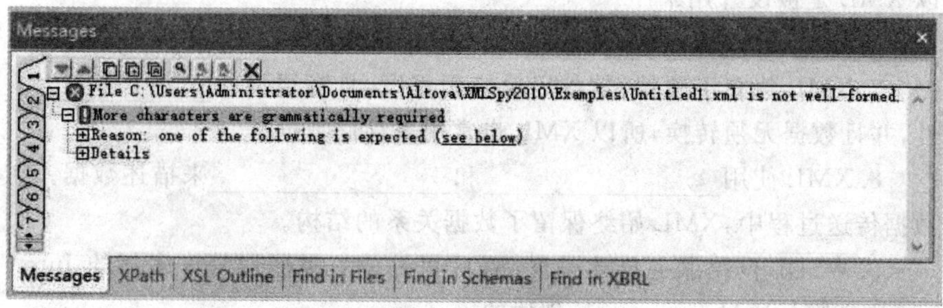

图 1.16　消息窗口

1.4　本章小结

本章介绍 XML 的基本概念、XML 的发展和应用，概述了标记语言的历史起源以及 XML 与 HTML 之间的区别和联系。介绍了 XML 开发工具 Altova XMLSpy 2010 的安装和使用，为后续章节的学习打下良好的基础。

1.5　习　　题

一、填空题

1. 标记语言，又称为置标语言，是用一系列约定好的__________来对电子文档进行标记，以实现对电子文档的语义、结构及格式的定义。

2. XML(eXtensible Markup Language)，中文简称__________，是一种用于标记电子文件使其具有结构性的标记语言，方便信息或数据的传输和存储，它是 SGML(标准通用标记语言)的子集。

3. XML 是 Internet 环境中跨平台的、依赖于__________的技术，也是当今处理分布式结构信息的有效工具。

4. HTML 文档中的所有标记对于人来说没有任何意义，其语义信息仅仅是告诉浏览器以何种方式显示信息，所以 HTML 是被设计用来__________。

5. XML 文档中的数据是通过自定义标签以一种有意义和自描述的方式进行描述的。自定义标签是领域专家精心选取，体现了人们的共识。所以 XML 是被设计用来______________。

6. XML 可以从____________中分离数据，方便维护页面。

7. XML 独立于硬件、软件以及应用程序，具有很强的__________性，并且数据无须转换，所以 XML 也常用来存储数据。

8. XML 使用____________和____________来描述数据。在数据传送过程中，XML 始终保留了数据关系的结构。

9. WSDL 网络服务描述语言、SVG 可缩放矢量图形等许多新的 Internet 语言都是通过________创建的。

10. 内容管理解决方案重点解决各种非结构化或半结构化的数字资源的采集、管理、利用、传递和增值，并集成到结构化数据的信息系统中。利用 XML 相关工具，来制作__________的内容，正是内容管理的基础建设。

二、简答题

1. 什么是 XML？
2. XML 与 HTML 的区别？
3. XML 的主要应用？

三、上机题

1. 安装 Altova XMLSpy

2. 使用 Altova XMLSpy 2010 创建一份 XML 文档，XML 文档内容如下。

```
< ? xml version= "1.0" encoding= "UTF-8"? >
< contacts>
  < person>
    < name> 张三< /name>
    < tel> 65308297< /tel>
    < qq> 123456789< /qq>
    < mobil> 18979112826< /mobil>
    < work> 北京大学< /work>
    < address> 北京市< /address>
    < email> 123456789@ qq.com< /email>
  < /person>
  < person>
    < name> 李四< /name>
    < tel> 53084565< /tel>
```

```
    < qq> 1327348747< /qq>
    < mobil> 15347912823< /mobil>
    < work> 重庆大学< /work>
    < address> 重庆市< /address>
    < email> 1327348747@ qq.com< /email>
  < /person>
< /contacts>
```

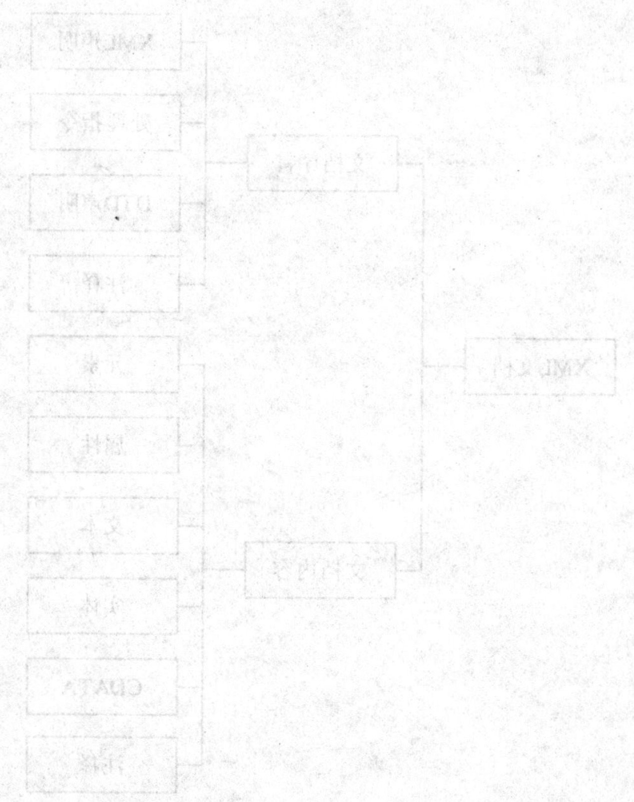

第2章　XML语法基础

2.1　XML文档结构

一个完整的XML文档主要由两个部分组成：文档序言和文档内容。序言部分出现在XML文档的顶部，主要由XML声明构成，也可以包含其他信息，如处理指令、DTD声明、注释等内容。内容部分由文档元素及其子元素构成，一个格式良好(well-formed)的XML文档必须有且只有一个文档元素，这个元素也被称为文档的根元素。XML文档结构如图2.1所示。

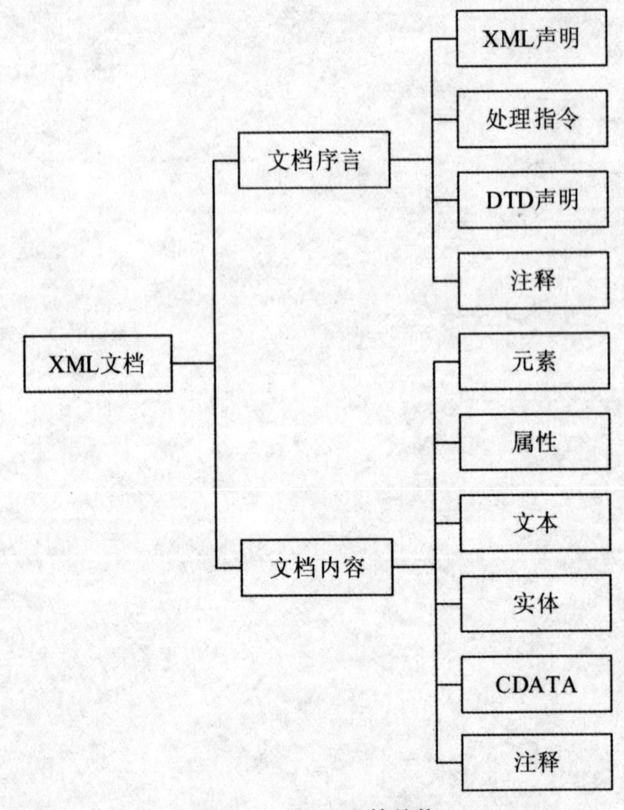

图2.1　XML文档结构

以下是一个完整的XML 文档实例。

```
1 < ? xml version= "1.0" encoding= "UTF-8"? >
2 < ! DOCTYPE note SYSTEM“note.dtd”>
3 < ! - - 这是一个 XML 文档结构示例- - >
4 < note>
5 < to> 张三< /to>
6 < from> 李四< /from>
7 < heading> 提醒< /heading>
8 < body> 别忘了下午开会！ < /body>
9 < /note>
```

第 1 行是 XML 文档声明;第 2 行是 DTD 声明;第 3 行是文档的注释;第 4 行起就是 XML 文档所描述的内容,＜note＞是文档的根元素的起始标记,＜/note＞是根元素的结束标记;第 9 行是根元素的结束标记;第 5 行到第 8 行是根元素所包含的子元素。

2.2　XML 语法规则

2.2.1　良构的 XML 文档

XML 文档必须符合 XML 语法规则的要求,只有遵守 XML 语法规则的 XML 文档才能被称为格式良好的 XML 文档或良构的 XML 文档(well-formed XML)。一个良构的 XML 文档必须遵守以下规则:

1. 有 XML 声明语句

XML 声明必须放在文档的第 1 行,其格式如下

```
< ? xml version= "1.0" encoding= "UTF-8"? >
```

声明语句的作用是告诉浏览器或其他处理程序:这是一个 XML 文档。

2. 大小写必须一致

在 XML 文档中,大小写是有区别的,＜P＞或＜p＞是两个不同的标识。一个元素的开始标记和结束标记的大小写必须一致,如＜td＞sample＜/TD＞必须写成＜td＞sample＜/td＞,否则存在语法错误。

3. 有且只有一个根元素

良构的 XML 文档有且只有一个根元素，在序言部分后面建立第一个元素，其他元素都是这个根元素的子元素。根元素是一个完全包含文档中其他元素的元素。根元素的起始标记要放在所有其他元素起始标记之前，根元素的结束标记要放在所有其他元素结束标记之后。如上例中的 note 元素。

4. 属性必须使用引号

在良构的 XML 文档中，所有的属性值必须加引号（单引号或双引号），否则将被视为语法错误。如能够在 HTML 中正常显示的<font color=red>sample</font>在 XML 中必须写成 <font color="red">sample</font>。

5. 标识符必须正确关闭

在良构的 XML 文档中，所有的标识符必须成对出现。即所有标识符都有起始标记和结束标记，如<title>XML </title>。空标识符（即标识符之间没有内容的标识符）也需要正确的关闭，空标识符以"/>"符号结尾。如在 HTML 中的空元素
在 XML 文档中必须写成
。

6. 标识符必须正确嵌套

一个标识符可以嵌套另一个标识符，标识符之间的嵌套不得交叉。如在 HTML 中能正确显示的<b><i>sample</b></i>在 XML 文档中必须写成<b><i>sample</i></b>。

7. 特殊字符必须用相应的符号来代替

在 XML 文档中一些字符具有特殊含义，必须用特殊的符号进行代替。例如："<"已用作标记的起始字符，不能再出现在各元素或属性的值中。特殊字符的代替符号如表 2-1 所示。

表 2-1 特殊字符的替代符号

用于显示的特殊字符	替代符号
小于符号(<)	<
大于符号(>)	>

续表

用于显示的特殊字符	替代符号
and 符号(&)	&
单引号(')	"
双引号(")	'

2.2.2　空白符的处理

在 XML 规范中，空白符包括空格、制表符和换行符。在 XML 文档中的空白符分为两类：有意义空白符和无意义空白符。

有意义空白符是文档内容的一部分，应予以保留。例如，诗歌和程序代码中的空白。

无意义空白符是在编辑 XML 文档时使用，以增加可读性。例如，元素前面的缩进。这些空白符一般在文档交付时就不需要了，不予保留。

如下例所示，标签<poem>之后的换行符以及<author>之前的空格是无意义空白符。而诗句中的换行符则是有意义空白符。

```
< ? xml version= "1.0" encoding= "UTF-8"? >
< poem>
  < author> 杜甫< /author>
  < title> 江南逢李龟年< /title>
  < content>
    岐王宅里寻常见，崔九堂前几度闻。
    正是江南好风景，落花时节又逢君。
  < /content>
< /poem>
```

对 HTML 文档来说，解析器会将任意多个连续的空白符解析为一个空格。对 XML 文档来说，解析器无法判断哪些是有意义空白符、哪些是无意义空白符。所以，XML 解析器总是将文档中不是标记的所有字符都传递给应用程序，即解析器会保留内容中所有的空白符并不加修改地传递给应用程序。当学习了第 4 章后，就会明白如何让解析器辨认出哪些是有意义空白符。

在很多情形中，应用程序根本无须考虑是否存在空白符，只需向解析器请求包含在<author>元素中的数据，根本不会直接从<poem>元素里查询无意义空白符。

2.2.3　标识符的命名规则

XML 文档中的标识符的命名必须遵循以下规则：

- 名称可以包含字母、数字、下划线以及其他字符
- 名称不能以数字或者标点符号开始
- 名称不能以字符 “xml”(或者 XML、Xml)开始
- 名称不能包含空格和其他特殊字符

例 2-1：下列 XML 标记名称都是正确的

<example－one>、<_example2>、<Example. Three>

例 2-2：下列 XML 标记名称都是错误的

<bad * charater>、<illegal space>、<12number－start>

2.2.4　有效的 XML 文档

在 XML 文档中大多使用自定义的标记来描述文档的内容。当 XML 用于数据交换的时候，数据交换双方必须有一个约定，即 XML 文件中可以使用哪些标记，父元素中能够包括哪些子元素，各个元素出现的顺序，元素中的属性是怎么定义的等。这种约定可以是 DTD(Document Type Definition)也可以是 XSD(XML Schema)。

一个良构的 XML 文档应该遵守 XML 语法规则，一个有效的 XML 文档既是一个格式良好的 XML 文档，同时还必须符合 DTD 或 XSD 模式定义的规则。

2.3　XML 声明

XML 文档以 XML 声明作为开始，它向解析器提供了关于文档的基本信息。XML 声明由“<?”开始，“? >”结束。一个完整的 XML 声明包括三个部分：版本声明(version)、编码声明(encoding)和文档独立性声明(standalone)。

例如：<? xml version＝"1.0" encoding＝"UTF-8" standalone＝"yes"? >

1. <?：表示该行是一个命令；

2. xml：表示该文件是一份 XML 文件，必须小写；

3. version=“1.0”,是版本声明,表示该文件是遵循 XML 1.0 规范;

4. encoding="UTF-8",是编码声明,表示该文件遵循 UTF-8 编码规范;

5. standalone="yes",是文档独立性声明,表示该文件无须其他的外部标记声明文件;

6. ? >:表示该行命令结束。

2.3.1　版本声明

version 属性的取值用于描述当前 XML 的版本编号,通常情况下为 1.0,这是为了将来的新版本能够保持向后的兼容性而设计的,一般都应该包含版本编号的声明。在 XML 的声明中,这个属性是必需的,并且必须作为第一个属性出现。

2.3.2　编码声明

encoding 属性的取值用于指明当前 XML 文档中所使用的符号的编码方式。GB2312、UTF-8、UTF-16、ISO-8859-1 等都是合法的 encoding 属性的取值。

GB2312:简体中文编码

BIG5:繁体中文编码

ISO-8859-1:西欧字符编码

UTF-8、UTF-16:统一字符编码

通常情况下,建议使用 UTF-8 编码方式,因为这样既可以表示西文字符,又可以表示非西文字符(包括中文)。

2.3.3　文档独立性声明

standalone 属性的取值表明当前 XML 文件是独立使用,还是与其他的标记文件配套使用。如果该属性为“yes”,表示在解析当前 XML 文档时,无须其他的外部标记声明文件。相反,如果这个属性为“no”,则表示在解析当前文件时可能需要使用外部的 DTD 文件。

2.4 文档内容定义

2.4.1 元素

元素是 XML 文档的基本组成部分，主要用来描述文件的内容。一个元素可以包含其他的元素、文本数据、字符引用、实体引用、处理指令、注释以及 CDATA 等内容，这些内容合在一起被称作元素内容。

元素定义的语法格式为

```
1.< element_name>
2....content...
3.< /element_name>
```

第 1 行，元素的起始标记，表示开始的分隔符被称作起始标记。起始标记是一个包含在尖括号里的元素名。元素名的命名符合 XML 标识符的命名规范。

第 2 行，元素的内容，元素中可以包含文本、子元素或者两者的组合。

第 3 行，元素的结束标记，代表元素结束的分隔符被称作结束标记。结束标记由一个反斜杠和元素名组成，并被包括在一对尖括号中。XML 中大小写是敏感的，每一个结束标记都必须与其对应的起始标记相匹配。

XML 文档中总共有四种类型的元素：空元素、仅含文本的元素、仅含子元素的元素、混合元素（含文本和子元素的混合内容），这四类元素的定义如下。

1. 空元素

如果一个元素中不包含任何内容，该元素就是空元素。空元素有两种写法，下列中的两行代码的作用完全相同。

```
< book> < /book>
< book/>
```

2. 仅含文本的元素

有些元素仅含文本内容，如下所示：title 和 author 都是仅含文本的元素。

```
< title> 红楼梦< /title>
< author> 曹雪芹< /author>
```

3. 仅含子元素的元素

一个元素可以包含其他元素，被包含的元素称为子元素，容器元素称为父元素。下例中 book 元素被称为 title 和 author 元素的父元素，title 和 author 元素被称为 book 元素的子元素。

```
< book>
  < title> 红楼梦< /title>
  < author> 曹雪芹< /author>
< /book>
```

4. 混合元素

混合元素含有文本和子元素的混合内容，下例中的 book 元素即是一个混合元素。

```
< book> 古典文学
  < title> 红楼梦< /title>
  < author> 曹雪芹< /author>
< /book>
```

XML 文档中有且只有一个根元素，XML 文档中的第一个元素就是根元素。如果在上例的 XML 文档中需要描述多本书的信息，则需要在 XML 文档中构建一个根元素 books，让 books 元素包含多个 book 子元素。

```
< books>
  < book>
    < title> 红楼梦< /title>
    < author> 曹雪芹< /author>
  < /book>
  < book>
    < title> 西游记< /title>
    < author> 吴承恩< /author>
  < /book>
< /books>
```

2.4.2 属性

XML 元素可以拥有一个或更多的属性,属性是用来提供有关元素的附加信息的。属性不能独立于元素而存在,通常以名－值对的形式出现。属性值用双引号(")或单引号(')分隔(如果属性值中有“'”,用“"”分隔;有“"”,用“'”分隔)。一个元素可以有多个属性,特定的属性名称在同一个元素标记中只能出现一次,即同一个元素中属性名不能相同。

属性定义的基本格式为

```
< 元素名 属性名 1= "属性值 1"属性名 2= "属性值 2">
```

如下例所示,category 是 book 元素的属性,提供了关于 book 的额外信息,对 book 元素的分类信息进行了描述和说明。

```
< book category= "古典文学">
  < title> 红楼梦< /title>
  < author> 曹雪芹< /author>
< /book>
```

在 XML 文档中最好使用元素来描述数据,仅使用属性来描述那些与数据关系不大的额外信息。使用属性带来几个问题:

- 属性不能包含多个值(而子元素可以)
- 属性不容易被扩充(为将来的修改)
- 属性不能描述结构(而子元素可以)
- 属性更难被程序代码所操作
- 属性值不容易进行 DTD 测试

如果将属性作为一个数据的容器使用,那么最终的结果是文档将难以阅读和维护。因此应该尽量用元素去描述数据,只在提供与数据无关的信息时才使用属性。

例 2-3:使用元素描述数据

```
< book>
  < author> tom hanks< /author>
  < author> mike jimmy< /author>
< /book>
```

例 2-4:使用属性描述数据

```
< book author1= "tom hanks" author2= "mike jimmy"/>
```

元素内容中的子元素和属性，都可以用来刻画该元素某个方面的特性。使用元素和属性来描述数据的主要区别如下。

(1)使用元素来描述数据，可以使用多个同名的子元素，而且子元素的顺序是有意义的。如例 2-3 中 tom hanks 可表示为第一作者和 mike jimmy 为第二作者。使用元素来描述数据在可扩展性方面更好。

(2)使用属性来描述数据，属性名不能相同，属性的顺序是没有意义的。如例 2-4 中修改了元数据的内容，即属性名称本身，可能会影响到已经编写好的用于解析该文档的应用程序，造成该应用程序不能读取相关数据。

2.4.3 注释

使用注释是为了便于我们阅读理解，方便我们维护和共享文档。注释可以出现在 XML 文档的任何位置。注释以“<！——”开始，以“——>”结束。注释内的任何标记都被处理程序忽略。

注释的语法为

```
<!--这里是注释内容-->
```

在 XML 文档中添加注释应遵循以下规则：

- 注释内容中不要出现——；
- 不要把注释放在标记中间；
- 注释不能嵌套；
- 可以在除标记以外的任何地方放注释。

2.4.4 实体引用

实体是对数据的引用。根据实体种类的不同，XML 解析器将使用实体的替代文本或者外部文档的内容来替代实体引用。所有实体(除参数实体外)都以一个与字符(&)开始，以一个分号(;)结束。XML 为显示特殊字符和非 ASCII 码字符集中的字符提供了两种方法：内部定义实体和字符实体。

1. 内部定义实体

XML 标准定义了所有 XML 解析器都必须实现的 5 种标准实体如表 2-2 所示。

表 2-2　内部定义实体

内部定义实体	用途
<	用于替代的小于符号(＜)
>	用于替代的大于符号(＞)
&	用于替代 and 符号(&)
"	用于替代的单引号(‘)
'	用于替代的双引号(“)

2. 字符实体

字符实体用来表示一个可显示的字符，它由十进制或十六进制的数字前面加上“&#”或“&#x”，后面紧跟分号“;”组成

&#NNNNNN;　&#xXXXX;

字符串“NNNNNN”和“XXXX”可能是一个或多个数字，它们对应着任何 XML 允许的统一代码字符值。虽然在 HTML 中十进制数字更加通用，但 XML 还是偏向于使用十六进制，因为统一代码就是用十六进制进行编码。

例如，© 或 ũ(在浏览器中)会被显示为(c)，而 ® 或 会被显示为(R)。

2.4.5　CDATA

CDATA(character data)指的是不由 XML 解析器进行解析的文本数据。在标记 CDATA 下，所有的标记、实体引用都被忽略，而被 XML 处理程序一视同仁地当作普通字符数据看待，CDATA 的形式为

```
< ? xml version= "1.0"? > < ! [CDATA[文本内容]]>
```

CDATA 的文本内容中不能出现字符串“]]＞”，另外，CDATA 不能嵌套。如下例所示，CDATA 描述的一段 JavaScript 函数。

```
< ? xml version= "1.0"? >
< script>
< ! [CDATA[
function match(a,b)
{
if (a< b && a< 0) then
```

```
    {
    return 1;
    }
else
    {
    return 0;
    }
}
]]>
< /script>
```

2.5 XML 命名空间

2.5.1 命名冲突

XML 的元素名是用户自定义的，当两个不同的文档使用同样的名称描述两个不同类型的元素的时候，就会发生命名冲突。如下例所示。

例 2-5：在一个 XML 文件中用 table 表示表格。

```
< table>
    < tr>
    < td> Apples< /td>
    < td> Bananas< /td>
    < /tr>
< /table>
```

例 2-6：在另一个 XML 文件中用 table 表示桌子。

```
< table>
    < name> African Coffee Table< /name>
    < width> 80< /width>
    < length> 120< /length>
< /table>
```

当这两个文件合并为一个文件的时候，这就发生了命名的冲突。

2.5.2 使用前缀

使用前缀可以解决命名冲突问题,即为不同含义的 XML 标签添加一个前缀。

例 2-7:给描述表格的 XML 文件添加一个 h 前缀。

```
< h:table>
  < h:tr>
  < h:td> Apples< /h:td>
  < h:td> Bananas< /h:td>
  < /h:tr>
< /h:table>
```

例 2-8:给描述桌子的 XML 文件添加一个 f 前缀。

```
< f:table>
  < f:name> African Coffee Table< /f:name>
  < f:width> 80< /f:width>
  < f:length> 120< /f:length>
</f:table>
```

现在,两个文档都加上了前缀,解决了命名冲突。但是,加上前缀后标签变成了不同的名字,带来了一些新的问题。

(1)不能再使用正常的 HTML 元素,HTML 浏览器可以理解<table>但不能理解<h:table>。

(2)使用前缀,虽然有效地创建了两类元素:h 类型元素和 f 类型元素。这些"类"就是所谓的命名空间。为了使命名空间有效,命名空间前缀也必须唯一,谁来管理这些前缀?

2.5.3 使用命名空间

使用 XML 命名空间的主要动机之一是在使用和重用多个词汇时避免名称冲突。XML 命名空间(NameSpaces)是由统一资源标识符(URI)标识的 XML 元素和属性集合,该集合通常称作 XML"词汇"。

XML 命名空间属性被放置于元素的开始标签之中,并使用以下的语法进行声明

```
xmlns:namespace- prefix= "namespaceURI"
```

当命名空间被定义在元素的开始标签中时，所有带有相同前缀的子元素都会与同一个命名空间相关联。元素和属性都可以应用命名空间。

```
< h:table xmlns:h= "http://www.w3.org/TR/html4/">
  < h:tr>
  < h:td> Apples< /h:td>
  < h:td> Bananas< /h:td>
  < /h:tr>
< /h:table>

< f:table xmlns:f= "http://www.examplexml.com.cn/furniture">
  < f:name> African Coffee Table< /f:name>
  < f:width> 80< /f:width>
  < f:length> 120< /f:length>
< /f:table>
```

2.5.4　默认命名空间

为元素定义默认的命名空间可以让我们省去在所有的子元素中使用前缀的工作。默认命名空间的定义语法为

```
xmlns= "namespaceURI"
```

例 2-9：上一节的示例中表示 HTML 表格的元素定义默认命名空间为

```
< table xmlns= "http://www.w3.org/TR/html4/">
  < tr>
  < td> Apples< /td>
  < td> Bananas< /td>
  < /tr>
< /table>
```

这样，table 及其不带命名空间前缀的子元素 tr 和 td 都使用了默认命名空间 "http://www.w3.org/TR/html4/"，该命名空间是 W3C 定义的 HTML4 的命名空间。

例 2-10：上一节示例中表示桌子的元素定义默认命名空间为

```
< table xmlns= "http://www.cqipc.net/furniture">
  < name> African Coffee Table< /name>
  < width> 80< /width>
```

```
    < length> 120< /length>
< /table>
```

该命名空间"http://www.cqipc.net/furniture"是用户自定义命名空间，其含义由定义该命名空间的用户或组织解释。

2.6 本章小结

本章介绍了 XML 文档结构以及构建良构的 XML 文档的语法规则，包括 XML 声明、元素及属性的定义、内部实体及字符实体的引用、CDATA 文本数据的使用以及命名空间的定义和使用等。遵守 XML 语法规则的 XML 文档才是一个良构(Well-formed)的 XML 文档。一个良构的 XML 文档，同时符合 DTD 或 XSD 模式定义的规则才是有效的 XML 文档。

2.7 习　　题

一、填空题

1. 一个完整的 XML 文档主要由两个部分组成：________和________。

2. 一个格式良好(well-formed)的 XML 文档必须有且只有一个文档元素，这个元素也被称为文档的__________。

3. 遵守 XML 语法规则的 XML 文档才能被称为______________XML 文档。

4. ＜? xml version＝"1.0" encoding＝"UTF-8"? ＞，这行语句被称为__________声明，其作用是告诉浏览器或其他处理程序：这是一个 XML 文档。

5. 良构的 XML 文档有且只有一个__________，其他元素都是这个元素的子元素。

6. 在良构的 XML 文档中，所有的属性值必须加__________，否则将被视为语法错误。

7. 在 XML 文档中一些字符有特殊含义，必须用特殊的符号进行代替，“＜”的替代符号是______________。

8. XML 解析器总是将文档中不是标记的所有字符都传递给应用程序，即解析器会保留内容中所有的______________并不加修改地传递给应用程序。

9. XML 文档中总共有四种类型的元素：空元素、仅含文本的元素、____________、混合元素(含文本和子元素的混合内容)。

10. 使用 XML 命名空间的主要动机之一是在使用和重用多个词汇时避免____________。

二、选择题

1. 下列 XML 标记名称正确的是(　　)。

A. ＜bad * charater＞　　B. ＜illegal space＞

C. ＜12number－start＞　　D. ＜_example2＞

2. 属性(　　)的用于指明当前 XML 文档中所使用的符号的编码方式。

A. version　　B. encoding

C. standalone　　D. xml

3. XML 使用(　　)来避免在使用和重用多个词汇时发生名称冲突。

A. DTD　　B. NameSpaces

C. XSD　　D. SXL

4. 实体引用是一种合法的 XML 名字，前面带有一个符号(　　)。

A. &　　B. ;　　C. ＋　　D. －

5. 仔细阅读以下 XML 文档

```
< ? xml version= "1.0"? >
< ! - - 例子 - - >
< greeting>
Hello,World!
< /greeting>
```

该文档属于哪种类型的文档？(　　)

A. 无效的　　B. 有效的　　C. 格式良好的　　C. 格式错误的

三、简答题

1. 一个格式良好的 XML 文档应遵循什么规则？

2. XML 文档中的标识符的命名应遵循什么规则？

3. 什么是空白符，XML 解析器是如何处理的？

四、上机题

1. 有这么一本书，书的信息如下，试用 XML 进行描述构建一个格式良好的 XML 文档。

书名:XML 编程与应用

作者:张三

出版社:高等教育出版社

目录:

第 1 章　XML 概述

1.1 节　XML 语言简介

1.2 节　XML 应用简介

第 2 章　XML 语法基础

2.1　XML 文档结构

2.2　XML 语法规则

2. 试用 XML 构建一个联系人信息表,联系人信息包括:联系人姓名 PersonName、公司名称 BusinessName、移动电话 Mobile、办公电话 Telephone、电子邮件 Email、公司地址 Address、分类 Type(属性)等信息。

第3章　文档类型定义

3.1　DTD简介

3.1.1　什么是DTD

组成XML文档的元素和属性称为文档的词汇。XML允许文档的编写者使用具有自描述性的自定义标记，从而确保文档具有较强的易读性、可扩展性和清晰的语义。如果希望与其他人交换自己的数据，或者通过计算机对其进行分析、检索，那么XML文档结构及词汇就是非常重要的。XML的精髓就是允许用户自定义标记，来描述信息体现数据之间的关系。

文档类型定义(Document Type Definition)就是一套为了进行程序间的数据交换而建立的关于标记符的语法规则。DTD是标准通用标记语言和可扩展标记语言1.0版规格的一部分，XML文档可根据某种DTD语法规则验证格式是否符合此规则。DTD也可用做保证标准通用标记语言文档、可扩展标记语言文档的格式的合法性，通过比较文档和DTD文件来检查文档是否符合规范，元素和标签使用是否正确。

使用DTD是为了让标准通用标记语言、可扩展标记语言文档能符合规定的数据交换标准。因为这样，不同的公司只需定义好标准文档类型定义，就都能依文档类型定义建立文档实例，并且进行验证，这样就可以轻易交换数据，防止了实例数据定义不同等原因造成的数据交换障碍，满足网络共享和数据交互。

3.1.2　DTD的作用

用DTD可以指定在文档中存在哪些元素、元素可以具有怎样的属性、在元素内部元素的层次结构以及元素在整个文档中出现的顺序等。所以

DTD 具有以下作用：

- 它可定义合法的 XML 文档构建模块；
- 它使用一系列合法的元素来定义文档的结构；
- 它可被成行地声明于 XML 文档中，也可作为一个外部引用；
- 通过它，每一个 XML 文档均可携带一个有关其自身格式的描述；
- 通过它，独立的团体可一致地使用某个标准的文档类型定义来交换数据；
- 通过它，应用程序可以验证从外部接收到的数据；
- 通过它，应用程序也可以验证自身的数据。

3.2 DTD 声明

DTD 是与 XML 文档相关的。通常，XML 文档中包含一条用于与 DTD 相关联的指令，当验证有效性的解析器读到此指令时，它会获取 DTD，并根据其中定义的规则对文档进行检验。为了将 DTD 声明与文档实例相关联，XML1.0 提供了两种声明方式，内部 DTD 和外部 DTD。

3.2.1 内部 DTD

内部 DTD 是在 XML 文档的序言区域中定义的，即将 DTD 包含在 XML 源文件中。内部 DTD 的 XML 文档的结构为

```
<?xml version= "1.0"?>
<!DOCTYPE 根元素名[
元素描述
]>
文档数据区......
```

语法格式中的参数含义说明如下。

- <!DOCTYPE：表示 DTD 声明的开始，其后紧跟"根元素名"，"["符号后就是 DTD 定义部分内容；
-]>：表示 DTD 声明结束。

例 3-1：创建内部 DTD 并验证文档的有效性

在 Altova XMLSpy 中新建 XML 文档，输入以下代码。点击工具栏上的 符号验证文档的有效性，验证通过将显示文档是有效的（图 3.1），否

则将显示错误信息。

```
< ? xml version= '1. 0' encoding= 'gb2312'? >
< ! DOCTYPE poem[
< ! ELEMENT poem (author,title,content)>
< ! ELEMENT author (# PCDATA)>
< ! ELEMENT title (# PCDATA)>
< ! ELEMENT content (# PCDATA)>
]>
< poem>
 < author> 李白< /author>
 < title> 静夜思< /title>
 < content>
  床前明月光,疑是地上霜。
  举头望明月,低头思故乡。
 < /content>
< /poem>
```

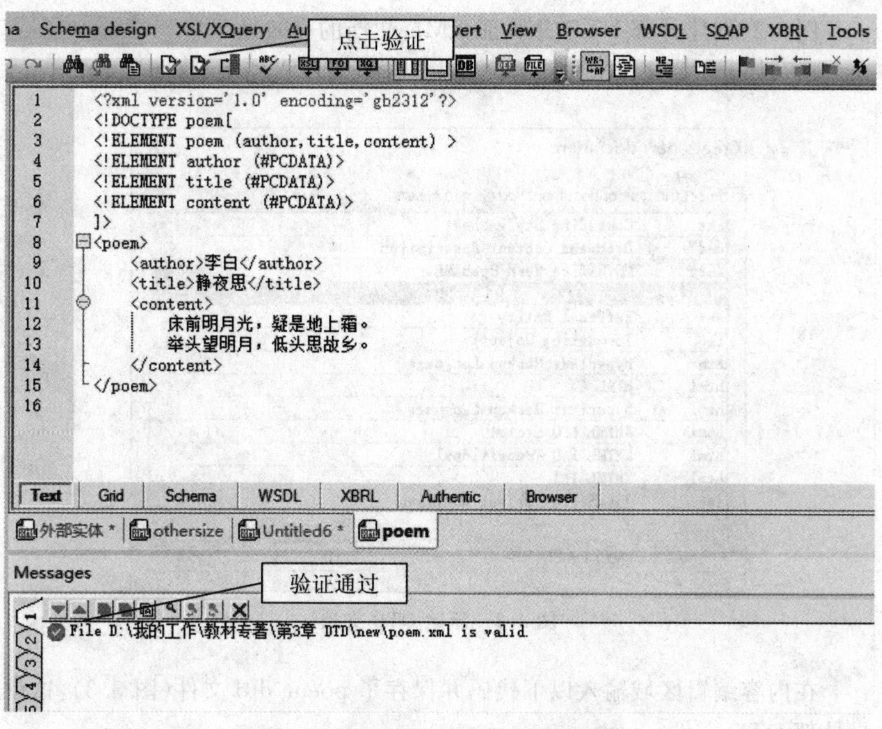

图 3.1　内部 DTD 验证文档的有效性

3.2.2 外部 DTD

外部 DTD 是一个独立于 XML 文档的文件，实际上也是一个文本文件，只是使用.dtd 为文件扩展名。外部 DTD 的好处是：它可以方便高效地被多个 XML 文档所共享。外部 DTD 的创建方式、语法和内部 DTD 是一样的。

在 XML 文档中使用外部 DTD 的结构为

```
< ? xml version = "1.0"? >
< ! DOCTYPE 根元素名 SYSTEM/PUBLIC "外部 DTD 文件名及其位置">
文档数据区......
```

对于外部的 DTD 文件，又分为私有的外部 DTD 文件（SYSTEM 定义）和公开的外部 DTD 文件(PUBLIC 定义)。公开的外部 DTD 由权威机构制订的、提供给特定行业或公众使用的 DTD，甚至可能通过了国际标准化组织的批准，以便数据的提供者和使用者对所交互的数据进行有效性验证。

例 3-2：创建外部 DTD 并验证 XML 文档的有效性

在 Altova XMLSpy 中新建文档并选择 DTD 文档类型(图 3.2)。

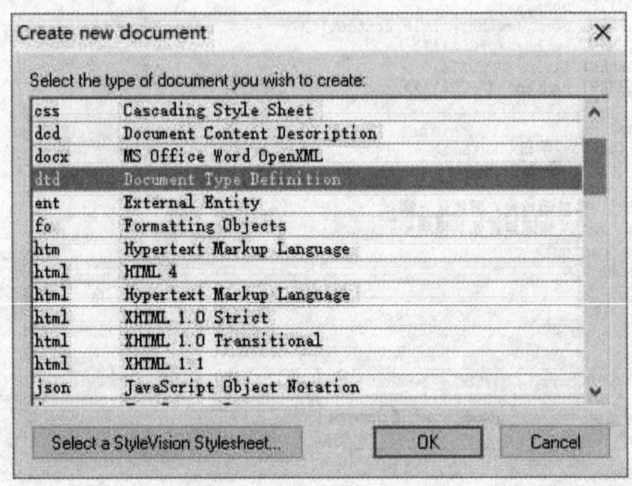

图 3.2 新建 DTD 文档

在内容编辑区域输入以下代码并保存了 poem.dtd 文件(图 3.3)，这就是外部 DTD 文件。

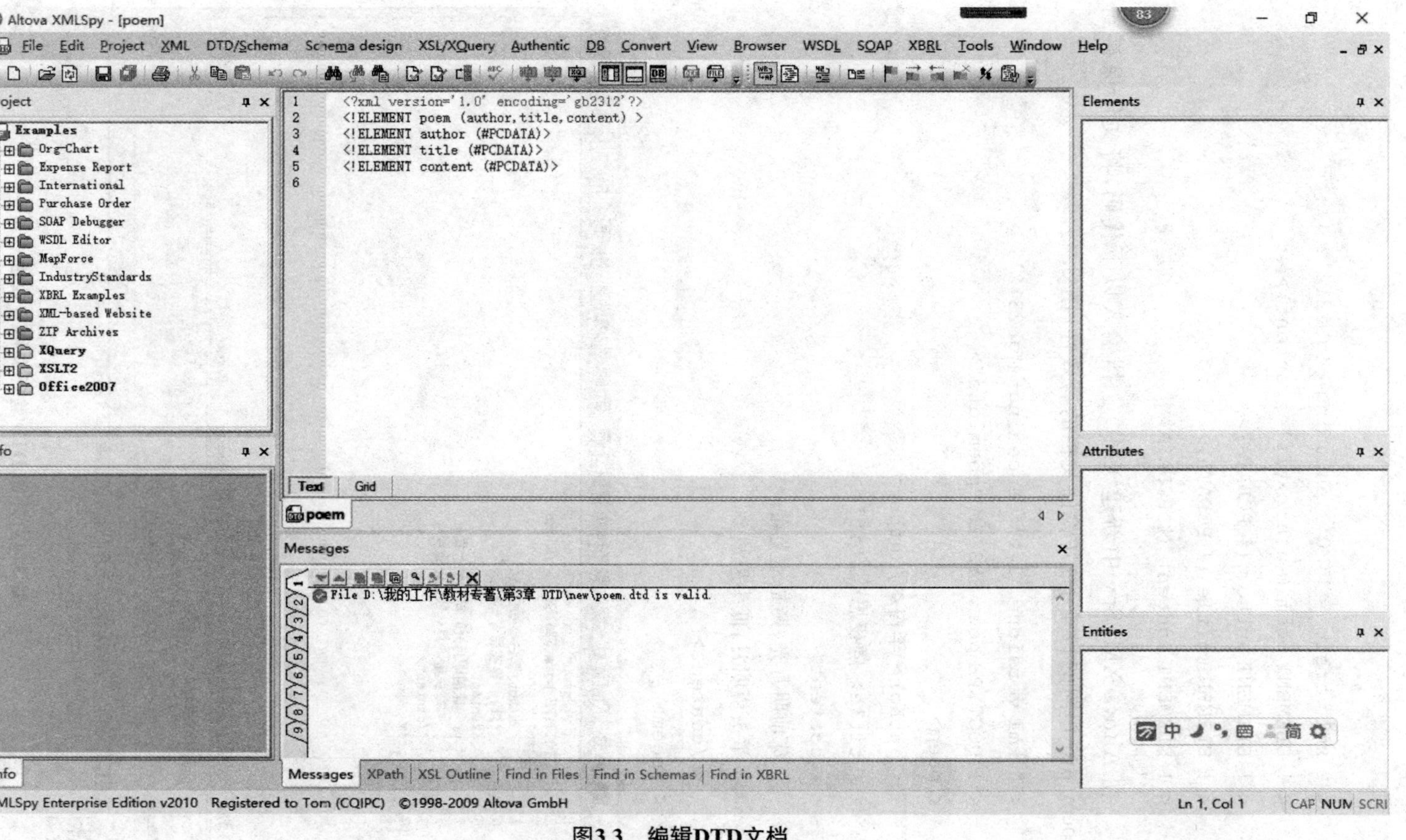
Altova XMLSpy - [poem]
File Edit Project XML DTD/Schema Schema design XSL/XQuery Authentic DB Convert View Browser WSDL SOAP XBRL Tools Window Help
Project
Examples
Org-Chart
Expense Report
International
Purchase Order
SOAP Debugger
WSDL Editor
MapForce
IndustryStandards
XBRL Examples
XML-based Website
ZIP Archives
XQuery
XSLT2
Office2007
<?xml version='1.0' encoding='gb2312'?>
<!ELEMENT poem (author,title,content) >
<!ELEMENT author (#PCDATA)>
<!ELEMENT title (#PCDATA)>
<!ELEMENT content (#PCDATA)>
Text Grid
poem
Messages
File D:\我的工作\教材专著\第3章 DTD\new\poem.dtd is valid.
Messages XPath XSL Outline Find in Files Find in Schemas Find in XBRL
Elements
Attributes
Entities
Info
XMLSpy Enterprise Edition v2010 Registered to Tom (CQIPC) ©1998-2009 Altova GmbH
Ln 1, Col 1 CAP NUM SCRL

图3.3　编辑DTD文档

```
< ? xml version= '1.0'  encoding= 'gb2312'? >
< ! ELEMENT poem (author,title,content)>
< ! ELEMENT author (# PCDATA)>
< ! ELEMENT title (# PCDATA)>
< ! ELEMENT content (# PCDATA)>
```

在 Altova XMLSpy 中新建 XML 文档输入以下代码,将文件保存到 poem. dtd 相同的目录下,并验证文档的有效性(图 3.4)。

```
< ? xml version= '1.0'  encoding= 'gb2312'? >
< ! DOCTYPE poem SYSTEM "poem.dtd">
< poem>
  < author> 李白< /author>
  < title> 静夜思< /title>
  < content>
    床前明月光,疑是地上霜。
    举头望明月,低头思故乡。
  < /content>
< /poem>
```

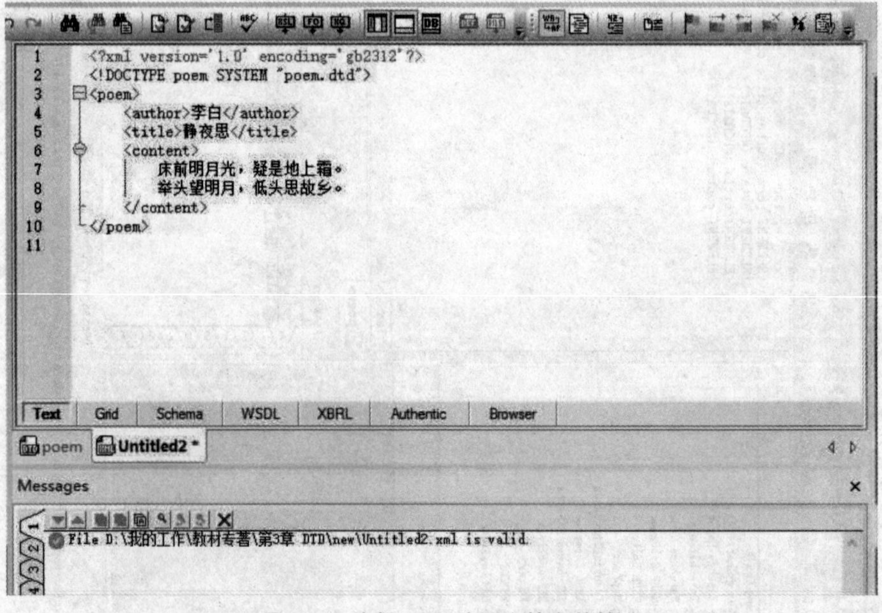

图 3.4　外部 DTD 验证文档有效性

3.3　DTD 语法

3.3.1　元素声明

在 DTD 文档中，元素声明由三部分组成：

- ELEMENT 声明；
- 元素名；
- 元素内容模型。

其语法为

```
<! ELEMENT NAME CONTENT>
```

在 DTD 模式中元素声明主要包括五类元素的声明：空元素、仅含纯文本的元素、仅含子元素的元素、混合元素和任意类型元素。

1. 空元素

空元素中没有内容，不能包含子元素和文本，可以有属性。空元素的定义使用关键字 EMPTY 进行定义为

```
<! ELEMENT 人 EMPTY>
```

以下元素是合法的：

```
< 人 姓名= "张三" 性别= "男"/>
```

而以下元素就是非法的：

```
< 人> < 姓名> 张三< /姓名> < /人>
```

2. 仅含纯文本的元素

纯文本元素可以包含任何字符数据，但不能包含任何子元素，纯文本元素也称为简单元素。纯文本元素使用关键字 ＃PCDATA 进行定义，但必须用括号括起来，其格式为

```
<! ELEMENT 人 (# PCDATA)>
```

以下元素是合法的：

```
< 人 性别= "男" 年龄= "6"> 张三< /人>
```

以下元素是非法的：

< 人> < 姓名> 李四< /姓名> < /人>

3.仅含子元素的元素

仅含子元素的元素中除了子元素外没有文本内容，子元素出现的顺序和次数可以通过正则表达式进行定义。如下例所示：

```
< ! ELEMENT 家庭 (人+ ,家电* )>
```

该实例定义了一个仅含子元素的元素“家庭”，其包含两个子元素为“人”和“家电”。其中“+”表示该“人”元素必须出现一次以上，“ * ”表示该“家电”元素不出现或出现多次都可以，“,”表示元素必须按指定的顺序出现，即先出现“人”再出现“家电”。在 DTD 中常使用的正则表达式如表 3-1 所示。

表 3-1　正则表达式

符号	用途	示例	示例说明
( )	用来给元素分组	(古龙|金庸|梁羽生),(王朔|余杰),毛毛	分成三组
|	在列出的对象中选择一个	(男人|女人)	表示男人或者女人必须出现一个，两者至少选一
+	该对象最少出现一次，可以出现多次 (一次或多次)	(成员+)	表示成员必须出现，而且可以出现多个成员
*	该对象允许出现零次到任意多次(零次到多次)	(爱好 *)	爱好可以出现零次到多次
?	该对象可以出现，但只能出现一次 (零次到一次)	(菜鸟?)	菜鸟可以出现，也可以不出现，如果出现的话，最多只能出现一次
,	对象必须按指定的顺序出现	(西瓜，苹果，香蕉)	表示西瓜、苹果、香蕉必须出现，并且按这个顺序出现

4. 混合元素

混合元素指包含子元素和文本数据的元素。混合元素的声明语法为

```
< ! ELEMENT element- name (# PCDATA | child1 | child2 |...)* >
```

在 DTD 中只能严格按照上述的语法说明包含指定的子元素以及文本内容的元素，必须将 ＃PCDATA 放在最前面。混合元素声明无法实现进一步的约束，即只能给出可出现的子元素的名称，而不能限定它们出现的顺序及每个元素出现的次数。所以，在 XML 文档中，最好避免使用混合元素。

例如，下面定义 para 元素就是一个混合元素。

```
< ! ELEMENT para (# PCDATA | emphasis | xref)* >
```

该声明表示 para 元素中可以包含文本内容、emphasis、xref 的任意组合(任意个数、任意顺序)，甚至什么都不包括。

以下混合元素的声明就是非法的：

```
< ! ELEMENT para (# PCDATA,emphasis+ ,xref* )>
```

5. 任意类型元素

任意类型元素指将元素声明为 ANY 类型。元素声明为 ANY 类型后，该元素中可以包含任何在 DTD 中定义的元素内容，而且元素出现的次数和顺序不受限制。别外，元素类型为 ANY 的元素也可以是空元素。声明语法如下为

```
< ! ELEMENT element_name ANY>
```

带有 ANY 内容的元素通常用于 DTD 早期开发阶段。随着 DTD 的演变，一般要用更确定的内容代替 ANY 内容。

例 3-3：为如下的 XML 文档编写一个 DTD 文件

```
< ? xml version= "1. 0"? >
< 短消息>
  < 收件人> 小李< /收件人>
  < 收件人> 小王< /收件人>
  < 发件人> 小张< /发件人>
  < 主题> 问候< /主题>
  < 具体内容> 早啊，饭吃了没? < /具体内容>
< /短消息>
```

分析：

(1)需定义该 XML 文档的根元素“短消息”；

(2)根元素是仅包含子元素的元素，其中子元素为：“收件人”“发件人”“主题”和“具体内容”；

(3)子元素“收件人”有一个到多个，需通过正则表达式来定义元素的个数；

(4)每个子元素都是仅含文本的元素。

在 Altova XMLSpy 中新建 DTD 文档，并输入以下代码，并将文件保存为 message. dtd 文件。

```
<!ELEMENT 短消息 (收件人+,发件人,主题,具体内容)>
<!ELEMENT 收件人 (#PCDATA)>
<!ELEMENT 发件人 (#PCDATA)>
<!ELEMENT 主题 (#PCDATA)>
<!ELEMENT 具体内容 (#PCDATA)>
```

在 Altova XMLSpy 中新建 XML 文档，并输入以下代码，并将文件保存为 message. xml 文件并与 message. dtd 文件的目录相同，同时验证文档的有效性(如图 3.5 所示)。验证不通过则说明 DTD 文档规则与 XML 文档结构不相符。

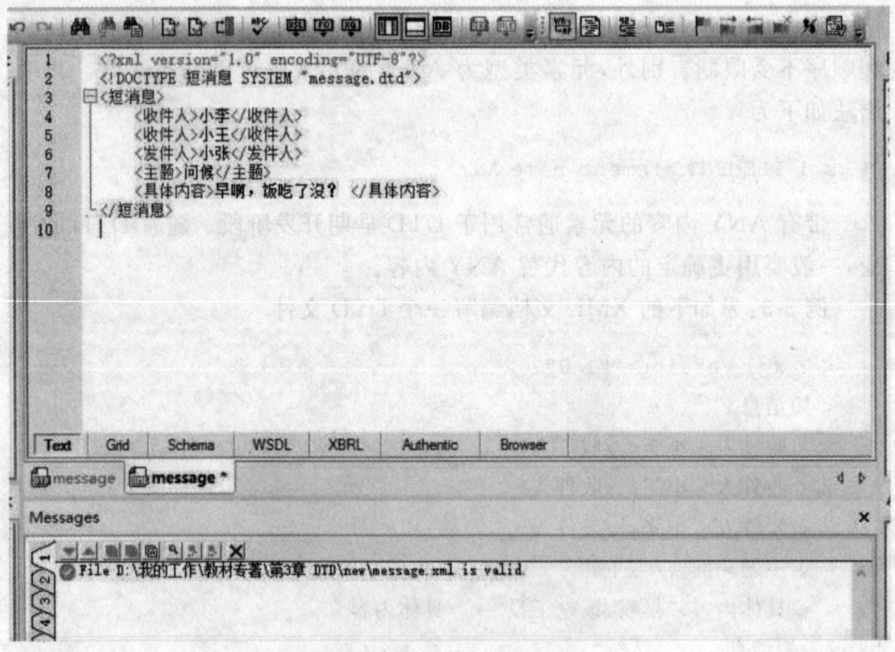

图 3.5　文档有效性验证结果

```
< ? xml version= "1.0" encoding= "UTF-8"? >
< ! DOCTYPE 短消息 SYSTEM "message.dtd">
< 短消息>
  < 收件人> 小李< /收件人>
  < 收件人> 小王< /收件人>
  < 发件人> 小张< /发件人>
  < 主题> 问候< /主题>
  < 具体内容> 早啊,饭吃了没？< /具体内容>
< /短消息>
```

3.3.2　属性声明

在 DTD 中声明属性时,可以同时给元素声明多个属性,属性声明的语法为

```
< ! ATTLIST 元素名称
  属性名称 1     类型     属性特点
  属性名称 2     类型     属性特点
  ……
>
```

- <! ATTLIST:表示属性声明开始,其后紧跟需要添加属性的元素名称;
- 元素名称:紧跟属性名称、属性类型和属性特点,可以只声明一个属性也可以连续声明多个属性;
- >:表示该属性声明结束。

其中,属性类型主要有 10 种,如表 3-2 所示。

表 3-2　属性类型

类型	描述
CDATA	值为字符数据 (character data)
Enumerated	此值是枚举列表中的一个值(en1|en2|…)
ID	值为唯一的 id
IDREF	值为另外一个元素的 id
IDREFS	值为其他 id 的列表

续表

类型	描述
NMTOKEN	值为合法的 XML 名称
NMTOKENS	值为合法的 XML 名称的列表
ENTITY	值是一个实体
ENTITIES	值是一个实体列表
NOTATION	值是符号的名称

属性特点主要有 4 种，如表 3-3 所示。

表 3-3 属性特点

特点	描述
#REQUIRED	表示该属性是必须，元素的所有实例都必须为这个属性赋予一个属性值
#IMPLIED	表示该属性是可有可无的，元素的实例不必给该属性赋值
#FIXED value	表示该属性值为固定值，元素的实例中不能够设定该属性
Default value	表示该属性具有默认值，元素的实例中还可以再设定为其他值

1. CDATA 属性类型

属性值可以是任何字符(包括数字和中文)，如给元素“人”添加属性“姓名”，姓名是文本类型可以定义为 CDATA 类型，如

```
<!ELEMENT 人 EMPTY>
<!ATTLIST 人 姓名 CDATA  #REQUIRED>
```

在 DTD 中也可以同时给元素添加一组属性，如

```
<!ELEMENT 人 EMPTY>
<!ATTLIST 人
  姓名 CDATA  #REQUIRED
  性别 CDATA  #REQUIRED
>
```

2. Enumerated 属性类型

Enumerated 类型指的是枚举类型，即事先定义好一些值，属性的取值

必须在所列出的值的范围内。如下例所示，属性“性别”的属性值只能取男或女，“婚姻状态”只能取 single，married，divorced 和 widowed 中的一个值。

```
< ! ATTLIST 人 性别 (男|女) # REQUIRED>
< ! ATTLIST 人 婚姻状态 (single|married|divorced|widowed) #
IMPLIED>
```

3. NMTOKEN/NMTOKENS 属性类型

NMTOKEN 是 CDATA 的一个子集，表示属性值为合法的 XML 名称，即必须是英文字母、数字、句号、破折号、下划线或冒号，不能有空格等不合法的字符。

NMTOKENS 与 NMTOKEN 类似，值为合法的 XML 名称的列表，即包含多个由空格分隔的 NMTOKEN 字符串。

例如，在 Altova XMLSpy 中新建 XML 文档输入以下代码，验证文档的有效性。

```
< ? xml version= "1.0"  encoding= "gb2312"? >
< ! DOCTYPE poems [
  < ! ELEMENT poems (title,content)>
  < ! ELEMENT title (# PCDATA)>
  < ! ATTLIST title
    author NMTOKEN # REQUIRED
  >
  < ! ELEMENT content (# PCDATA)>
]>
< poems>
  < title author= "杜甫"> 春望< /title>
  < content>
    国破山河在，城春草木深。
    感时花溅泪，恨别鸟惊心。
  < /content>
< /poems>
```

在上例中如果将属性 author 的取值添加了空格如<title author＝"杜 甫">春望</title>是不合法的，将不能通过有效性验证，如图 3.6 所示。

在上例中如果将属性 author 声明为 NMTOKENS，则<title author＝"杜 甫">春望</title>是合法的，即 author 包含两个 NMTOKEN 值：

"杜"和"甫"。

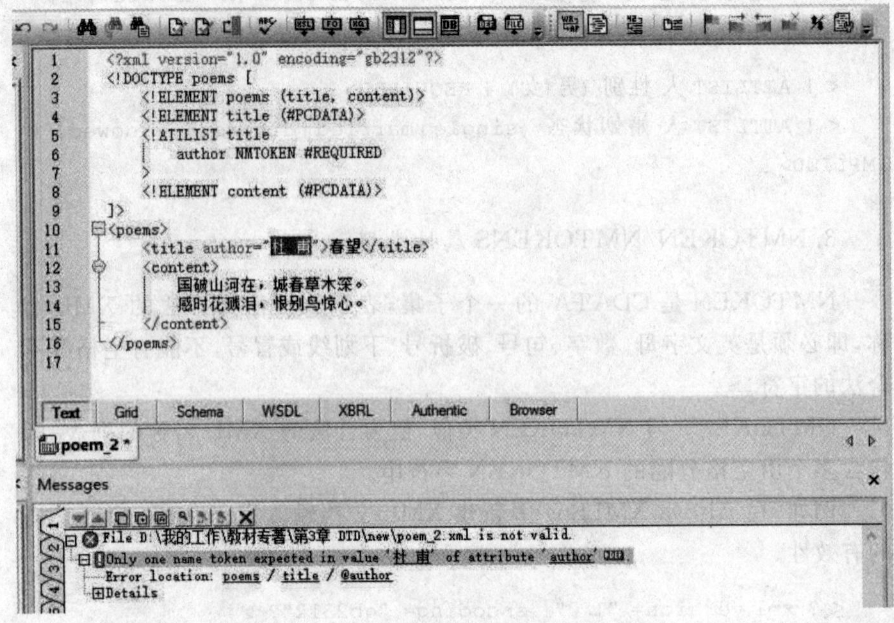

图 3.6　文档有效性验证结果

4. ID 属性类型

ID 类型表示该属性的取值必须是唯一的，并且该 ID 必须以一个字母开头。公司职员的员工编号是唯一的，可以将其声明为 ID 类型。

例如，在 Altova XMLSpy 中新建 XML 文档输入以下代码，并验证文档的有效性。

```
< ? xml version= "1.0"  encoding= "gb2312"? >
< ! DOCTYPE 公司[
  < ! ELEMENT 公司 ANY>
  < ! ELEMENT 职员 EMPTY>
  < ! ATTLIST 职员
    编号 ID # REQUIRED
    姓名 CDATA # REQUIRED
  >
]>
< 公司>
  < 职员 编号= "A001" 姓名= "张三"/>
  < 职员 编号= "A002" 姓名= "李四"/>
```

```
< /公司>
```

在上例中如果将员工的编号改为相同或去掉前面的字母将不能通过有效性验证，如图 3.7 所示。

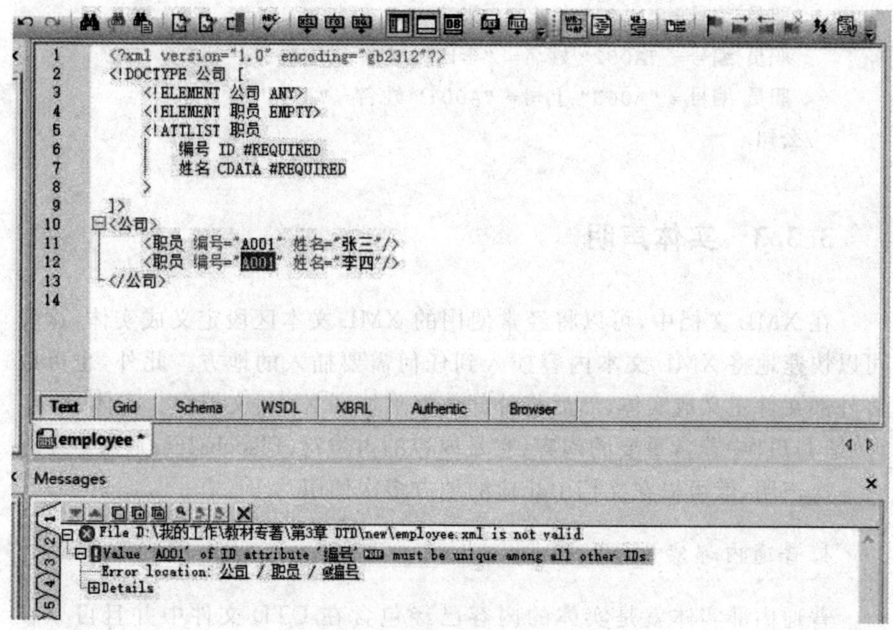

图 3.7 文档有效性验证结果

5. IDREF/IDREFS 属性类型

IDREF 属性的值指向文档中其他地方声明的 ID 类型的值。IDREFS 同 IDREF，但是可以具有由空格分开的多个引用。公司中员工有上下级关系，一个员工的直接领导可以定义属性“上司”来描述，并将其声明为 IDREF 类型。

例如，在 Altova XMLSpy 中新建 XML 文档输入以下代码，并验证文档的有效性。

```
< ? xml version= "1.0"  encoding= "gb2312"? >
< ! DOCTYPE 公司 [
  < ! ELEMENT 公司 ANY>
  < ! ELEMENT 职员 EMPTY>
  < ! ATTLIST 职员
    编号 ID # REQUIRED
    上司 IDREF # IMPLIED
```

```
    姓名 CDATA # REQUIRED
  >
]>
< 公司>
  < 职员 编号= "A001" 姓名= "张三"/>
  < 职员 编号= "A002" 姓名= "李四"/>
  < 职员 编号= "A003" 上司= "A001" 姓名= "王五"/>
< /公司>
```

3.3.3 实体声明

在 XML 文档中,可以将经常使用的 XML 文本区段定义成实体,这样可以快速地将 XML 文本内容插入到任何需要插入的地方。此外,也可以将外部文件定义成实体,然后将外部数据附加到 XML 文档中。实体(Entity)是 DTD 中非常重要的内容,它是内容的占位符(Placeholder),只需要进行一次声明,就可以在文档中相应的地方多次使用。

1. 普通内部实体

普通内部实体就是实体的内容已经包含在 DTD 文件中并且可以在 XML 文档中引用的实体。内部实体一般包含常用文本和较难输入的文本内容,DTD 文件中的内部实体是用<! ENTITY>声明定义的。内部实体的语法格式为

```
< ! ENTITY  Entity_Name  Entity_Value>
```

语法格式中的参数含义说明如下。

• <! ENTITY:表示开始声明一个实体,关键字 ENTITY 必须大写。

• Entity_Name:表示实体的名称。该名称必须以字母或下划线开始,并允许与文档中元素或属性的名称相同。另外,实体名称是区分大小写的,例如,名为 NAME 的实体和名为 name 的实体是两个不同的实体。

• Entity_Value:表示实体的具体内容。内部普通实体的内容是一串包含在单引号或双引号内的连续字符,称为“字符串”,其中不能包含“&”字符和“%”字符。

例如,在 Altova XMLSpy 中新建 XML 文档输入以下代码。通过有效性验证后,点击“Browser”浏览文档的内容,内部实体将被定义的内容所取代,如图 3.8 所示。

```
< ? xml version= "1.0"  encoding= "utf- 8"? >
< ! DOCTYPE root[
  < ! ELEMENT root (shop)+ >
  < ! ELEMENT shop (name,address,size)>
  < ! ELEMENT name (# PCDATA)>
  < ! ELEMENT address (# PCDATA)>
  < ! ELEMENT size (# PCDATA)>
  < ! ENTITY big "旗舰店">
  < ! ENTITY medium "中等">
  < ! ENTITY small "小型">
]>
< root>
  < shop>
    < name> 华美< /name>
    < address> 解放路< /address>
    < size> &big;< /size>
  < /shop>
< /root>
```

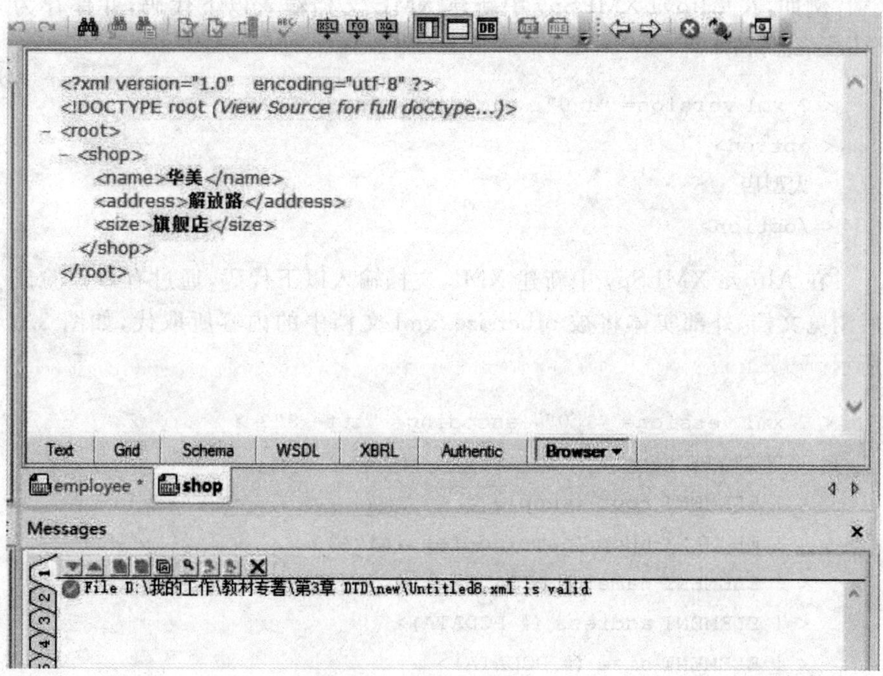

图 3.8 内部实体浏览结果

2. 普通外部实体

XML 允许其他 XML 文档或文档片段嵌入到该 XML 文档中，通过实体引用可以使解析器在指定资源上找到所需要的文档或文档片段，并将这些文档组合成一个新的 XML 文档。外部实体通过 URI 来定位资源数据，其格式主要是 SYSTEM 格式。

SYSTEM 格式实体内容是一个外部文件，该外部文件由个人或工作小组定义并认可。其语法格式为

```
<!ENTITY  Entity_Name SYSTEM  Entity_URL>
```

语法格式中的参数含义说明如下。

• SYSTEM：是定义为外部实体的关键字。

• Entity_URL：该实体所对应文件的 URL，可以是完整的 URL 地址，也可以是相对地址，此地址需要用单引号或双引号括起来。

在 XML 文档中引用外部普通实体时，同样需要在实体名称前添加“&”符号，在实体后添加“;”符号。其语法格式为

```
&Entity_Name;
```

例如，在 Altova XMLSpy 中新建 XML 文档输入以下代码，并保存为 othersize. xml。

```
<?xml version="1.0"  encoding="utf-8"?>
<option>
  大型店
</option>
```

在 Altova XMLSpy 中新建 XML 文档输入以下代码，通过有效性验证后浏览文档，外部实体将被 othersize. xml 文档中的内容所取代，如图 3.9 所示。

```
<?xml version="1.0"  encoding="utf-8"?>
<!DOCTYPE root[
  <!ELEMENT root (shop)+ >
  <!ELEMENT shop (name,address,size)>
  <!ELEMENT name (#PCDATA)>
  <!ELEMENT address (#PCDATA)>
  <!ELEMENT size (#PCDATA)>
  <!ENTITY big "旗舰店">
```

```
   < ! ENTITY medium "中等">
   < ! ENTITY small "小型">
   < ! ENTITY otherSize SYSTEM "othersize.xml">
  ]>
< root>
   < shop>
     < name> 华美< /name>
     < address> 解放路< /address>
     < size> &big;< /size>
   < /shop>
   < shop>
     < name> 华联< /name>
     < address> 人民路< /address>
     < size> &otherSize;< /size>
   < /shop>
< /root>
```

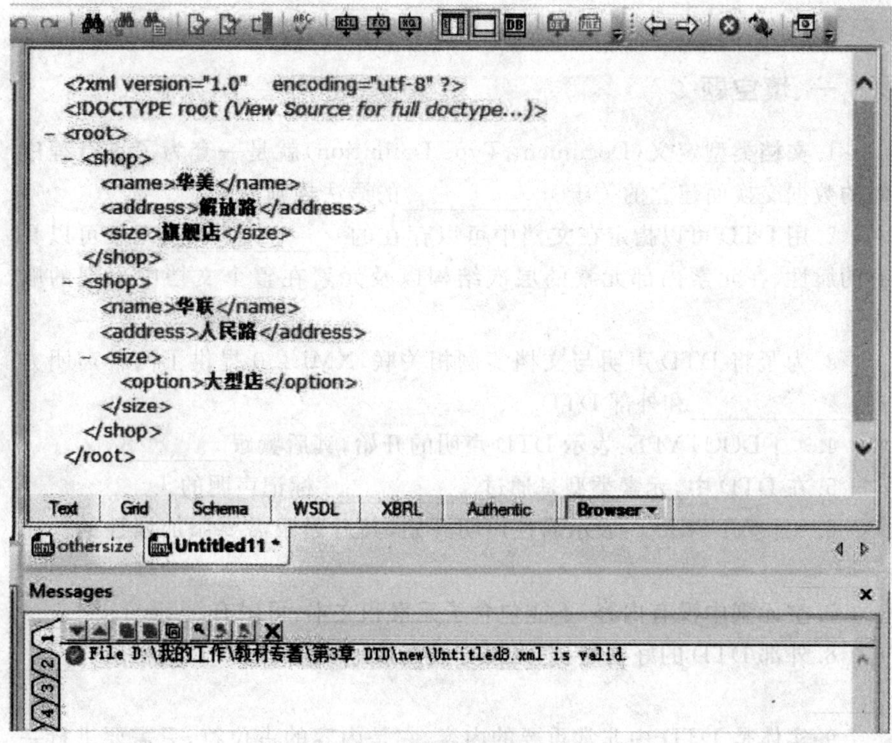

图 3.9 外部实体浏览结果

3.4 本章小结

XML 属性模型的表达能力很强，对于相同的数据可能采取各种不同的表示方式，为信息的交换和处理带来极大的困难。需要通过某种方式，定义 XML 数据的词汇表（组成一个 XML 文档的元素和属性称为文档的词汇），包括元素和属性的名称，甚至取值，并且需要通过语法规则控制 XML 元素的结构，而实现这项任务的过程，通常将其称为“XML 文档的数据模式设计”。

本章主要概述了 XML 文档类型定义 DTD 的概念和作用，介绍了 DTD 语法规则，包括元素声明、属性声明以及实体声明的语法规则，为后面章节的 XSD 的学习打下基础。

3.5 习题

一、填空题

1. 文档类型定义（Document Type Definition）就是一套为了进行程序间的数据交换而建立的关于__________的语法规则。

2. 用 DTD 可以指定在文档中可以存在的__________、元素可以具有的属性、在元素内部元素的层次结构以及元素在整个文档中出现的顺序等。

3. 为了将 DTD 声明与文档实例相关联，XML1.0 提供了两种声明方式，__________和外部 DTD。

4. <! DOCTYPE：表示 DTD 声明的开始，其后紧跟__________。

5. 在 DTD 中，元素类型是通过__________标记声明的。

6. <! ATTLIST：表示属性声明开始，其后紧跟需要添加属性的__________。

7. 空元素中没有内容，不能包含子元素和文本，可以有__________。

8. 外部 DTD 的好处是：它可以方便高效地被多个 XML 文档所__________。

9. 实体是 DTD 中非常重要的内容，它是内容的占位符，只需要进行一次声明，就可以在文档中相应的地方__________。

10. 元素声明语句：<！ELEMENT 家庭（人＋，家电＊）>，其中的“＋”表示__________，“＊”表示__________。

二、选择题

1. DTD 中属性定义可以有四种不同类型的缺省值，＃REQUIRED 表示（　　）。

A. 使用提供的缺省值

B. 属性值必须指定

C. 标记的这个属性是否可用

D. 标记的某个属性值是一个固定值，且必须是指定的值

2. 分析以下 DTD 文档

```
<！ELEMENT doc(title?,chap* )>
<！ELEMENT title (# PCDATA)>
<！ELEMENT chap (sect+ )>
<！ELEMENT sect (para+ )>
<！ELEMENT para (# PCDATA)>
```

下面的 XML 文档实例能够通过 DTD 的校验是（　　）。

A. <doc><chap><para>Text</para></chap></doc>

B. <doc><chap><sect><para>Text</para></chap></doc>

C. <doc><title>Text</title></doc>

D. <doc><title>Text</title><sect><para>Text</para></sect></doc>

3. 对于 XML 文档实例片段<image height="50" width="50"/>，最恰当的描述其结构的 DTD 片段是（　　）。

A. <！ELEMENT image ANY>
<！ATTLIST image height CDATA ＃REQUIRED width CDATA ＃REQUIRED>

B. <！ELEMENT image EMPTY>
<！ATTLIST image height CDATA ＃REQUIRED width CDATA ＃REQUIRED>

C. <！ELEMNET image(＃PCDATA)>
<！ATTLIST image height CDATA ＃REQUIRED width CDATA ＃ REQUIRED>

D. <！ELEMNET image(height，width)>
<！ATTLIST image height CDATA ＃REQUIRED width CDA-

TA ＃REQUIRED>

三、简答题

1. 简述 DTD 的概念和作用。

2. 简述 DTD 中混合元素与任意类型元素的区别。

四、上机题

1. 分析以下 XML 实例，上机编写外部 DTD，并进行验证。

```
<?xml version="1.0" encoding="UTF-8"?>
<Contacts>
  <Contact Type="同学">
    <PersonName>张三</PersonName>
    <BusinessName>宝宝科技公司</BusinessName>
    <Mobile>13912345678</Mobile>
    <Telephone>68616666</Telephone>
    <EMail>zhangsan@163.com</EMail>
    <Address>中关村 208 号</Address>
  </Contact>
  <Contact Type="同事">
    <PersonName>李四</PersonName>
    <BusinessName>东东科技公司</BusinessName>
    <Mobile>13987654321</Mobile>
    <Telephone>68619999</Telephone>
    <EMail>lisi@163.com</EMail>
    <Address>南京路 109 号</Address>
  </Contact>
</Contacts>
```

2. 分析以下 DTD 文档，上机编写一个有效的 XML 文档，并进行验证。

```
<!ELEMENT 书包 (课本+,文具+)>
<!ELEMENT 课本 (书名,作者+)>
<!ELEMENT 文具 (名称,数量)>
<!ELEMENT 书名 (#PCDATA)>
<!ELEMENT 作者 (#PCDATA)>
<!ELEMENT 名称 (#PCDATA)>
<!ELEMENT 数量 (#PCDATA)>
```

第 4 章　XML Schema

4.1　XML Schema 简介

4.1.1　什么是 XML Schema

XML Schema 是基于 XML 的，可用于替代文档类型定义（DTD），用于描述 XML 结构的 XML 模式语言。XML Schema 语言也称作 XML Schema 定义（XML Schema Definition，XSD）。它的作用是定义一份 XML 文档的合法构建模块，就像 DTD 的作用一样，一份 XML Schema 可以定义如下内容：

- 可以出现在文档里的元素；
- 可以出现在文档里的属性；
- 哪些元素是子元素；
- 子元素的顺序；
- 子元素的数量；
- 一个元素是否能包含文本，或是否是空元素；
- 元素和属性的数据类型；
- 元素和属性的默认值和固定值。

4.1.2　DTD 的局限

用 DTD（Document Type Definition）验证 XML 文档，我们就不必编写特殊程序验证 XML 文档的有效性。但同时也发现 DTD 存在一些局限：

- DTD 基于正则表达式的，不遵守 XML 语法，描述能力有限；
- DTD 数据类型有限（与数据库数据类型不一致）；
- DTD 语法过于简单，无法对 XML 实例文档做出更细致的语义限制；
- DTD 的结构不够结构化，不易扩展和维护，重用代价高；
- DTD 不支持命名空间（命名冲突）。

4.1.3 XML Schema 的优点

XML Schema 正是针对 DTD 的这些缺点设计的，XML Schema 具有如下优点：

- XML Schema 是基于 XML 语法创建的，无专门的语法；
- XML Schema 大大扩充了数据类型（int，float，boolean，date 等），支持自定义数据类型；
- XML Schema 支持对象继承和类型替换，可以比较容易建立复杂的可重用的内容模型；
- XML Schema 支持属性组；
- XML Schema 完全支持命名空间推荐标准。

4.2 XSD 文档结构

1. Schema 文档结构

以下是一个 XML Schema 文档实例。

```
1  < ? xml version= "1.0"  encoding= "UTF-8"? >
2  < xs:schema xmlns:xs= "http://www.w3.org/2001/XMLSchema">
3    < xs:element name= "message">
4      < xs:complexType>
5        < xs:sequence>
6          < xs:element name= "to" type= "xs:string"/>
7          < xs:element name= "from" type= "xs:string"/>
8          < xs:element name= "title" type= "xs:string"/>
9          < xs:element name= "body" type= "xs:string"/>
10       < /xs:sequence>
11     < /xs:complexType>
12   < /xs:element>
13 < /xs:schema>
```

Schema 文档的结构由以下几部分组成：

- XML 文档声明（第 1 行）；
- Schema 文档的根元素及命名空间定义（第 2 行）；
- XML 实例文档的元素声明和内容模型定义（第 3 行至第 12 行）。

所有 Schema 文档必须使用 Schema 元素作为其根元素。xs 为命名空间前缀，表示所有被它限定的元素和数据类型都来自命名空间“http://www.w3.org/2001/XMLSchema”。该命名空间由 W3C 维护和解释。

例 4-1：创建 Schema 文档

（1）打开 XMLSpy，新建文档，选择“W3C XML Schema”文档类型（图 4.1）。

（2）在编辑区域点击“Text”按钮进入代码视图窗口，如图 4.2、图 4.3 所示。

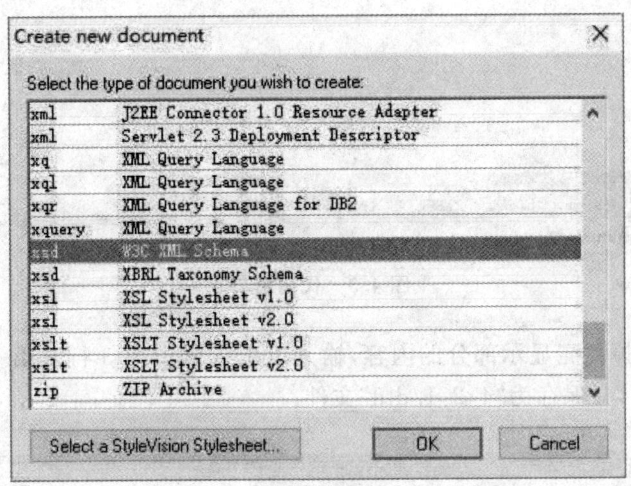

图 4.1 新建 Schema 文档

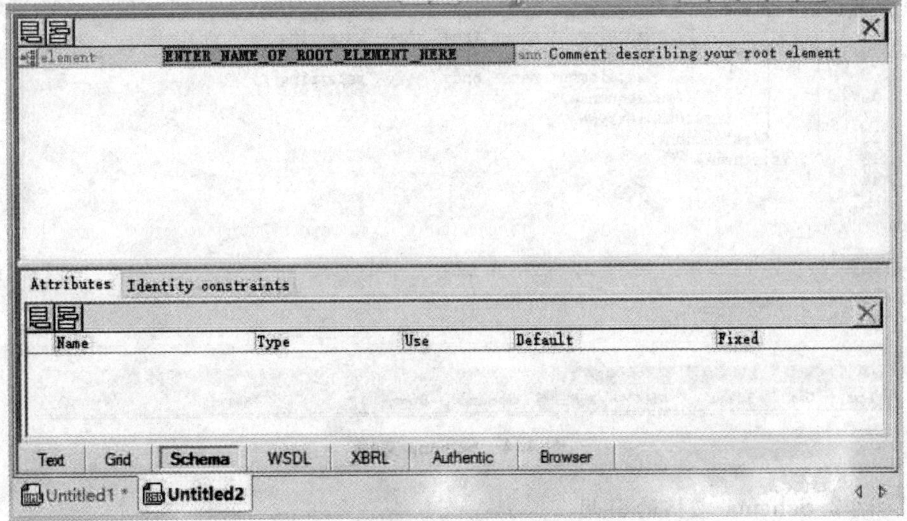

图 4.2 编辑窗口

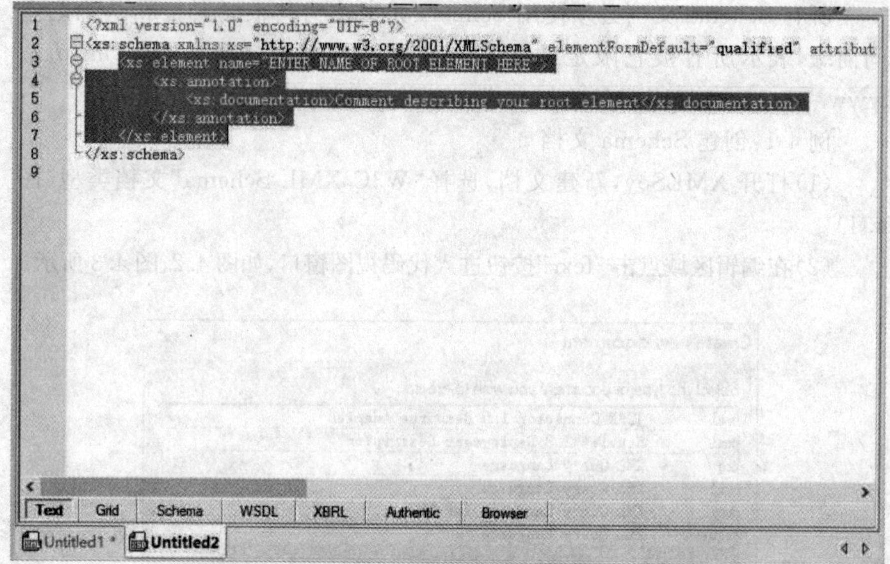

图 4.3　代码窗口

(3)去掉高亮显示部分的内容，输入以上代码中第 3 行至第 13 行的内容(图 4.4)，并保存为“4_2_1.dtd”文件；

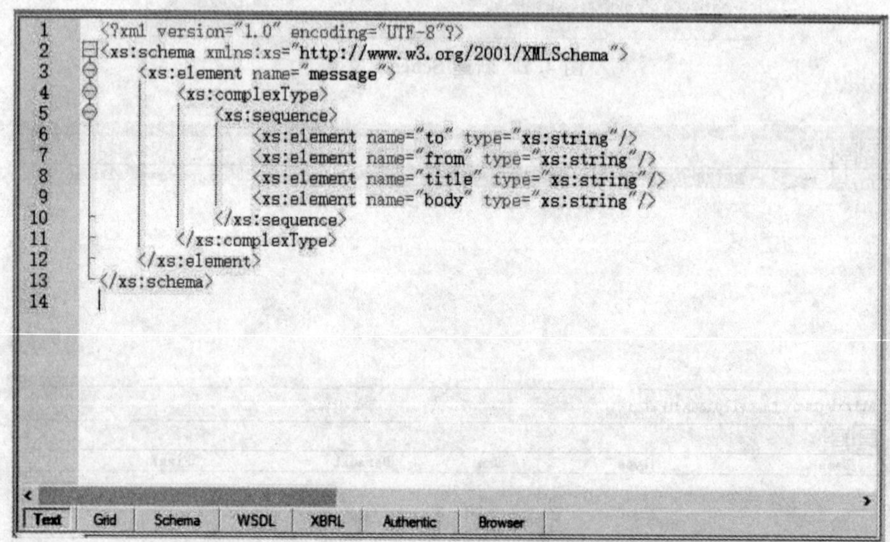

图 4.4　Schema 文档

2. Schema 文档的引用

以下是根据该 Schema 文件创建的 XML 文档。

```
1 < ? xml version= "1.0"  encoding= "UTF-8"? >
2 < message xmlns:xsi= "http://www.w3.org/2001/XMLSchema-instance"
3   xsi:noNamespaceSchemaLocation= "4_2_1.xsd">
4   < to> George< /to>
5   < from> John< /from>
6   < title> Reminder< /title>
7   < body> Don't forget the meeting! < /body>
8 < /message>
```

Schema 文档的引用是在 XML 实例文档的根元素的属性里进行定义的，主要由以下几部分组成：

(1)Schema 实例命名空间定义(第 2 行)

xmlns：xsi＝"http：//www. w3. org/2001/XMLSchema-instance"

(2)Schema 文档引用(第 3 行)

通过 xsi：noNamespaceSchemaLocation＝"4_2_1. xsd"，指定 Schema 文件的相对路径或绝对路径，将 Schema 文档与 XML 文档关联起来。

例 4-2：验证 XML 文档

(1)打开 XMLSpy，新建 XML 文档，输入以下代码(图 4.5)，并保存为“4. 2. 2. xml”文件。

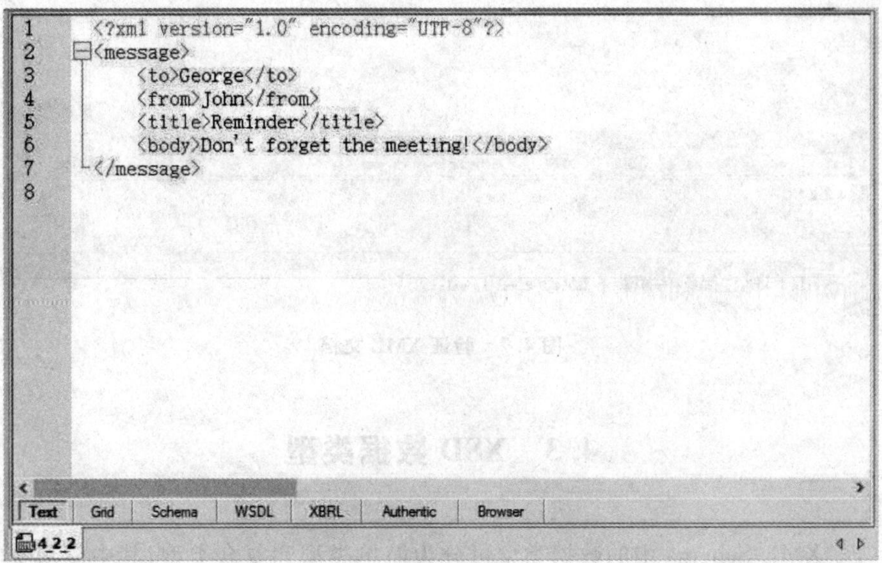

图 4.5 新建 XML 文档

(2)关联 XML Schema 模式文档,在菜单 DTD/Schema 选择"Assing Achema"子项,选择需要关联的 Schema 文档(图 4.6)。

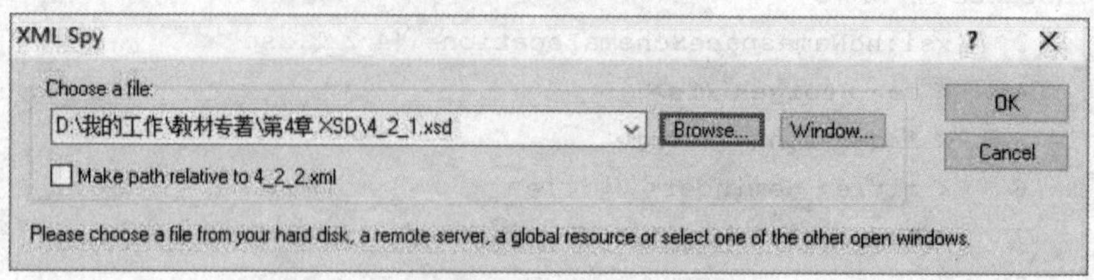

图 4.6 关联 XML Schema 文档对话框

(3)与 Schema 文档建立关联后,点击"Text"按键,验证文档的有效性(图 4.7)。

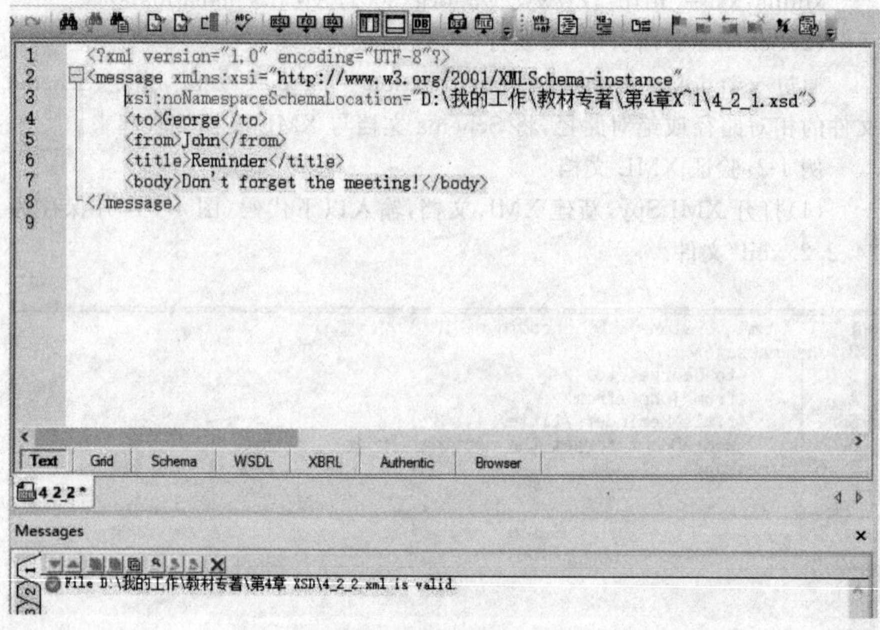

图 4.7 验证 XML 文档

4.3 XSD 数据类型

XML Schema 中的数据类型可分为简单类型和复合类型,其中简单类型是不能分割的原子信息。复合类型类似于编程语言中的自定义类型,它是由已存在的简单类型组合而成的。

4.4.1 简单类型

简单数据类型分为内置类型和自定义类型，内置类型又分为内置基本类型(表 4-1)和内置派生类型(表 4-2)。基本类型是解析系统直接支持的原始类型。派生类型是对基本类型或其他的内置派生类型加以限制生成的。

表 4-1 内置基本类型

数据类型	描述
string	表示字符串，可以包含空格、LF、CR 和制表符等空白字符等任意字符
boolean	表示布尔类型，合法的取值包括：true、false、1(表示 true)、0(表示 false)
decimal	十进制数字表示的实数
float	表示单精度 32 位浮点数
double	表示双精度 64 位浮点数
dateTime	表示日期和时间，具体格式为：YYYY－MM－DDThh：mm：ss，其中：YYYY 表示年；MM 表示月；DD 表示日；hh 表示时；mm 表示分；ss 表示秒 例：＜startdate＞2002－05－30T09：00：00＜/startdate＞
time	表示一个特定的时间，具体格式为：hh：mm：ss
date	表示一个特定的日期，具体格式为：YYYY－MM－DD
anyURI	表示一个 URI，如果其中包括空格，必须使用 %20 进行替换

表 4-2 内置派生类型

数据类型	描述
integer	表示十进制整数，派生于 decimal
long	长整型，派生于 integer，最大值为 9223372036854775807，最小值为－9223372036854775808
int	表示整型，派生于 long，最大值为 2147483647、最小值为－2147483648
nonPositiveInteger	表示非负整数，派生于 integer，最小值为 0
positiveInteger	表示一个大于 0 的整数，派生于 nonPositiveInteger

用户自定义数据类型是对内置类型或其他用户自定义类型加以限制或扩展生成的。用户自定义简单数据类型需要用 XSD 中的关键字 simpleType 进行定义,其语法格式为

```
< xs:simpleType name= "自定义数据类型的名称">
  < xs:restriction base="内置数据类型">
   自定义数据类型的内容模式
  < /xs:restriction>
< /xs:simpleType>
```

• simpleType:用于声明用户自定义简单数据类型的关键字;

• name:指定要定义的简单数据类型的名字;

• restriction:对基本数据类型定义约束,可以使用 12 个约束面(如表 4-3 所示)对数据进行限定;

• base:指定需要约束的基本数据类型。

表 4-3 restriction 中的 12 个约束面

限定	描述
enumeration	定义可接受值的一个列表
fractionDigits	定义所允许的最大的小数位数,必须大于等于 0
length	定义所允许的字符或者列表项目的精确数目,须大于或等于 0
maxExclusive	定义数值的上限,所允许的值必须小于此值
maxInclusive	定义数值的上限,所允许的值必须小于或等于此值
maxLength	定义所允许的字符或者列表项目的最大数目,必须大于或等于 0
minExclusive	定义数值的下限,所允许的值必需大于此值
minInclusive	定义数值的下限,所允许的值必需大于或等于此值
minLength	定义所允许的字符或者列表项目的最小数目,必须大于或等于 0
pattern	定义可接受的字符的精确序列
totalDigits	定义所允许的阿拉伯数字的精确位数,必须大于 0
whiteSpace	定义空白字符(换行、回车、空格以及制表符)的处理方式

4.4.2 复合类型

复合数据类型由已存在的简单类型组合而成。复合数据类型分为两种类型：

包含简单内容的复合类型——内容是简单类型值，并包含属性；

包含复杂内容的复合类型——包含子元素、空元素或混合内容的元素，不管是否包含属性。

复合数据类型需要用于 XSD 中的关键字 complexType 进行定义，其语法格式为

```
< xs:complexType name="复合数据类型的名称">
  内容模型定义(包括子元素和属性的声明)
< /xs:complexType>
```

4.4.3 匿名类型

匿名类型是一种更为简单的数据类型的定义和使用方式，它不是一种新的数据类型，它只是简单数据类型或复合数据类型的匿名定义和使用方式。匿名类型不需要指定数据类型的名称和外部引用，在定义元素或属性的时候直接定义内容模式。这对于那些只应用一次且包含非常少的约束的数据类型的定义非常有用。

例 4-3：一个简单数据类型的匿名定义方式

```
< xs:element name= "xxx">
  < xs:simpleType>
    < xs:restriction base="内置数据类型">
     自定义数据类型的内容模式
    < /xs:restriction>
  < /xs:simpleType>
< /xs:element>
```

例 4-4：一个复合数据类型的匿名定义方式

```
< xs:element name= "xxx">
  < xs:complexType>
    内容模型定义(包括子元素和属性的声明)
  < /xs:complexType>
< /xs:element>
```

4.4 简单类型声明

4.4.1 简单元素声明

在 XML Schema 模式定义中，根据元素所属的类型可分为简单元素和复杂元素。简单元素指那些仅包含文本的元素。它不会包含任何其他的元素或属性。这里的“文本”有很多类型，它可以是 XML Schema 中内置数据类型也可以是用户自定义的简单数据类型。

简单元素的声明语法为

```
< xs:element name= "xxx" type= "yyy" minOccurs= "nonPosi-
tiveInteger" maxOccurs= " nonPositiveInteger | unbounded"/>
```

- element：用于声明元素的关键字；
- name：指定要声明的元素的名字，此处 xxx 指元素的名称；
- type：指定该元素的数据类型，这里是简单数据类型，此处 yyy 指元素的数据类型；
- minOccurs：指定该元素出现的最少次数，该属性是可选的；如果未指定该属性，则默认值为 1；
- maxOccurs：指定该元素出现的最大次数，该属性是可选的；如果未指定该属性，则默认值为 1；如果指定其值为 unbounded，则该元素可以出现任意多次，无限制。

例如，简单元素定义

```
< ? xml version= "1.0"  encoding= "UTF-8"? >
< Contact>
  < Name> 张三< /Name>
  < Sex> 男< /Sex>
  < Age> 20< /Age>
  < Phone> 023- 68666688< /Phone>
  < DateBorn> 1997- 03- 27< /DateBorn>
< /Contact>
```

在以上 XML 实例文档中，Name，Sex，Age，Phone 和 DateBorn 都是简单元素，需使用 XML Schema 简单数据类型对其进行定义。

```
< xs:element name= "Name" type= "xs:string"/>
< xs:element name= "Sex" type= "xs:string"/>
< xs:element name= "Age" type= "xs:integer"/>
< xs:element name= "Phone" type= "xs:string"/>
< xs:element name= "DateBorn" type= "xs:date"/>
```

在以上 Schema 定义中虽然给每一个简单元素指定的一个基本数据类型,但我们还是会发现有一些问题,这些基本数据类型还是不能满足我们的需要。如 Age 元素的数据类型为 xs:integer,其取值包括正整数和负整数,不符合我们的逻辑习惯。因此,需要自定义 AgeType 数据类型来对 Age 元素的取值进行限定以满足我们的需要,其定义为

```
< xs:simpleType name= "AgeType">
  < xs:restriction base= "xs:integer">
    < xs:minInclusive value= "0"/>
    < xs:maxInclusive value= "120"/>
  < /xs:restriction>
< /xs:simpleType>

< xs:element name= "Age" type= "AgeType"/>
```

Sex 元素的数据类型为 xs:string,其取值包括任意字符串。为了规范,我们需要限定元素 Sex 元素的取值为“男”或“女”。因此,自定义 SexType 数据类型为枚举类型,其定义为

```
< xs:simpleType name= "SexType">
  < xs:restriction base= "xs:string">
    < xs:enumeration value= "男"/>
    < xs:enumeration value= "女"/>
  < /xs:restriction>
< /xs:simpleType>

< xs:element name= " Sex" type= " SexType"/>
```

Phone 元素的数据类型为 xs:string,不能满足格式要求。我们要求电话号码的 3 位区号和 8 位电话号码之间有一个“-”,即电话号码必须匹配模式 ddd-dddddddd(其中 d 表示 0～9 之间的数字)。因此,可以通过正则表达式(表 4-4)约束字符串类型来自定义 PhoneType 数据类型,其定义为

```
<xs:simpleType name="PhoneType">
  <xs:restriction base="xs:string">
    <xs:pattern value="\d{3}-\d{8}"/>
  </xs:restriction>
</xs:simpleType>

<xs:element name="Age" type="PhoneType"/>
```

上述方式通过定义一系列具有名称的数据类型来声明一个元素，这种方式非常直观，但有时不太实用。对于那些大量的只使用一次的数据类型，可以使用匿名类型定义方式，上述元素采用匿名定义的方式为

```
<xs:element name="Sex">
  <xs:simpleType>
    <xs:restriction base="xs:string">
      <xs:enumeration value="男"/>
      <xs:enumeration value="女"/>
    </xs:restriction>
  </xs:simpleType>
</xs:element>

<xs:element name="Age">
  <xs:simpleType>
    <xs:restriction base="xs:integer">
      <xs:minInclusive value="0"/>
      <xs:maxInclusive value="120"/>
    </xs:restriction>
  </xs:simpleType>
</xs:element>

<xs:element name="Phone">
  <xs:simpleType>
    <xs:restriction base="xs:string">
      <xs:pattern value="\d{3}-\d{8}"/>
    </xs:restriction>
  </xs:simpleType>
</xs:element>
```

表 4-4 正则表达式符号及其含义

符号表示	描述	简单示例
\	转义字符	比如,\n 表示换行\x0a,\f 表示换页符号\0x0c,\t 表示制表符\x09,\r 表示回车\x0d,\\表示\
^	表示行首	比如,^Hello 表示匹配行首,而不是任意的 Hello
$	表示行尾	比如,done $ 表示匹配行尾,而不是任意的 done
*	表示前面的符号或子表达式匹配 0 次或多次	比如,zo * 可以匹配 "z" 和 "zoo"。* 等价于下面介绍的 {0,}
+	表示前面的符号或子表达式匹配 1 次或多次	比如,zo+ 可以匹配 "zo" 和 "zoo",但是不能匹配"z"。+ 等价于下面介绍的 {1,}
?	表示前面的符号或子表达式匹配 0 次或 1 次	比如,do(es)? 可以匹配单词 "do" 中的 "do" 或者单词 "does"。? 等价于下面介绍的 {0,1}
{n} {n,} {n,m}	n 和 m 都是非负的整数(分别为上下限),表示前面的符号或子表达式匹配指定次数	比如,o{2} 表示两个连续的 o(如"food"); o{2,} 表示两个以上的 o(如"fooood"); o{1,3} 表示 1 到 3 个 o(如"fod"、"food")
.	匹配除 "\n" 之外的所有单个符号	比如,f. *d 表示一行中包含字符 f 和 d 的内容(无论它们之间是什么内容),如 "friend"
x|y	匹配 x 或 y	比如,z|food 匹配 "z" 或 "food",而 '(z|f)ood' 匹配 "zood" 或 "food"。括号用于改变运算优先级
[xyz]	一个字符集合。表示匹配集合中的任何一个符号	[abc] 可以匹配 a、b、c 中的任何一个
[^xyz]	字符集合的补集	[^abc] 可以匹配 a、b、c 以外的字符
[a-z]	字符范围	[a-z] 可以匹配任何 'a' 到 'z' 之间的小写字符
[^a-z]	字符范围的补集	[^a-z] 可以匹配任何非小写的字符

续表

符号表示	描述	简单示例
\b \B	匹配单词边界 匹配非单词边界	'er\b' 可以匹配 "never" 中的 'er',但不能匹配 "verb" 中的 'er' 'er\B' 可以匹配 "verb" 中的 'er',但不能匹配 "never" 中的 'er'
\d \D	匹配一个数字字符 匹配一个非数字的字符	等价于 [0-9] 等价于 [^0-9]
\s \S	匹配任何空白字符 匹配任何非空白字符的字符	等价于 [\n\r\t\0x20](空白字符共有四种) 等价于 [^\n\r\t\0x20]
\w \W	匹配任何单词符号,包括下划线 匹配任何非单词符号	等价于 [A-Za-z0-9_] 等价于 [^A-Za-z0-9_]

4.4.2 属性声明

简单元素无法拥有属性。假如某个元素拥有属性,它就会被当作某种复合类型。但是属性本身总是作为简单类型被声明的。

定义属性的语法为

```
< xs:attribute name= "xxx"  type= "yyy"/>
```

• attribute:用于声明属性的关键字;

• name:指定要声明的属性的名字,此处 xxx 指属性的名称;

• type:指定该属性的数据类型,这里是简单数据类型,此处 yyy 指属性的数据类型。

例如,下例是带有属性的 XML 元素

```
< lastname lang= "EN"> Smith< /lastname>
```

对属性 lang 需采用简单类型进行声明如下

```
< xs:attribute name= "lang"  type= "xs:string"/>
```

1. 属性的默认值和固定值

属性可拥有指定的默认值或固定值。当没有其他的值被规定时,默认值就会自动分配给该属性。

在下面的例子中,缺省值是 "EN":

```
< xs:attribute name= "lang"  type= "xs:string"  default= "EN"/>
```

固定值同样会自动分配给元素,并且无法规定另外的值。

在下面的例子中,固定值是 "EN":

```
< xs:attribute name= "lang"  type= "xs:string"  fixed= "EN"/>
```

2. 可选的和必需的属性

在缺省的情况下,属性是可选的。如需规定属性为必选,请使用 "use" 属性:

```
< xs:attribute name= "lang"  type= "xs:string"  use= "required"/>
```

4.5 复合类型声明

复合元素指包含其他元素或属性的 XML 元素。有四种类型的复合元素:

- 空元素(包含属性);
- 仅包含其他元素的元素;
- 仅包含文本的元素(包含属性);
- 包含元素和文本的元素。

注释:除注明包含属性的元素外,上述其他元素均可包含属性!

复合元素的声明语法为

```
< xs:element name= "xxx"  type= "yyy"  minOccurs= "nonPositiveInteger"  maxOccurs= " nonPositiveInteger | unbounded"/>
```

复合元素声明语法与简单元素声明方式类似,所不同的是这里 type 指定的数据类型 yyy 必须是一个复合数据类型。

4.5.1 包含属性的空元素

空的复合元素不能包含任何内容,只能含有如下属性:

```
< product prodid= "1345"/>
```

采用匿名类型定义以上复合元素如下

```
<xs:element name="product">
  <xs:complexType>
    <xs:attribute name="prodid" type="xs:positiveInteger"/>
  </xs:complexType>
</xs:element>
```

4.5.2 仅含其他元素的元素

以下 XML 文档中 employee 是仅含其他元素的复合元素

```
<employee>
  <firstname>John</firstname>
  <lastname>Smith</lastname>
</employee>
```

我们可以定义一个复合数据类型 employeeType 来声明 employee 元素，其定义为

```
<xs:element name="employee" type="employeeType"/>
<xs:complexType name="employeeType">
  <xs:sequence>
    <xs:element name="firstname" type="xs:string"/>
    <xs:element name="lastname" type="xs:string"/>
  </xs:sequence>
</xs:complexType>
```

其中<xs:sequence>指示 XML 实例文档中 firstname，lastname 元素必须按以上指定的顺序出现在 employee 元素中。element 声明必须出现在 choice、all 或 sequence 元素中以指示元素出现的顺序。上述定义也可以采用匿名定义方式如下

```
<xs:element name="employee">
  <xs:complexType>
    <xs:sequence>
      <xs:element name="firstname" type="xs:string"/>
      <xs:element name="lastname" type="xs:string"/>
    </xs:sequence>
  </xs:complexType>
</xs:element>
```

4.5.3 仅含文本的元素

此类型元素仅包含简易的内容(文本和属性),我们需要向此内容添加 simpleContent 元素来对简易内容模型进行定义。当使用简易内容时,我们就必须在 simpleContent 元素内定义扩展或限定且不包含任何元素。

以下 XML 文档的 shoesize 元素仅含文本内容

```
<shoesize country="france">35</shoesize>
```

我们可以先定义一个仅含文本的复合数据类型如下

```
<xs:complexType name="sizeType">
  <xs:simpleContent>
    <xs:extension base="xs:integer">
      <xs:attribute name="country" type="xs:string"/>
    </xs:extension>
  </xs:simpleContent>
</xs:complexType>
```

再对以上复合数据类型的取值进行限制如下

```
<xs:complexType name="shoesizeType">
  <xs:simpleContent>
    <xs:restriction base="sizeType">
      <xs:minInclusive value="35"/>
      <xs:maxInclusive value="47"/>
    </xs:restriction>
  </xs:simpleContent>
</xs:complexType>
```

最后,用定义好的复合数据类型对元素进行声明如下

```
<xs:element name="shoesize" type="shoesizeType"/>
```

以上示例,演示了 simpleContent 中 restriction 和 extension 元素的使用方法,一个用于定义约束,一个用于定义扩展。

4.5.4 带有混合内容的元素

混合内容的复合类型可包含属性、元素以及文本。

```
< letter>
  Dear Mr.< name> John Smith< /name> .
  Your order < orderid> 1032< /orderid>
  will be shipped on < shipdate> 2001- 07- 13< /shipdate> .
< /letter>
```

定义带有混合内容的复合类型时可将<complexType>元素的 mixed 属性设置为“true”。

```
< xs:element name= "letter">
  < xs:complexType mixed= "true">
    < xs:sequence>
      < xs:element name= "name" type= "xs:string"/>
      < xs:element name= "orderid" type= "xs:positiveInteger"/>
      < xs:element name= "shipdate" type= "xs:date"/>
    < /xs:sequence>
  < /xs:complexType>
< /xs:element>
```

4.5.5 内容模型

在上一节的学习中，我们使用<complexType>声明定义元素的内容模型，为了创建更加复杂的内容，我们可以使用下面的方法定义元素的内容模型。

- <sequence>声明
- <choice>声明
- <all>声明

1. <sequence>声明

<sequence>元素规定子元素必须按照指定的顺序出现，如下例所示：在 book 元素中必须先出现 title 元素，再出现 author 元素。

```
< xs:element name= "book">
  < xs:complexType>
    < xs:choice>
      < xs:element name= "title" type= "xs:string"/>
      < xs:element name= "author" type= "xs:string"/>
    < /xs:choice>
```

```
    < /xs:complexType>
  < /xs:element>
```

在默认情况下，元素出现的次数都有且只有一次，可以通过设置<element>的属性 maxOccurs 和 minOccurs 来指示元素出现的最大次数和最小次数，其中 minOccurs 的默认值为 1。

在实际情况下，author 元素在 book 中可以出现不止一次，所以将其设置为一到多次。

```
  < xs:element name= "book">
    < xs:complexType>
      < xs:choice>
        < xs:element name= "title"  type= "xs:string" minOccurs
= "1"/>
        < xs:element name= "author"  type= "xs:string" maxOc-
curs= "unbounded"/>
      < /xs:choice>
    < /xs:complexType>
  < /xs:element>
```

2. <choice>声明

<choice>元素规定可出现某个子元素或者可出现另外一个子元素，即元素之间具有互斥关系(非此即彼)。如下例所示，person 元素的子元素要么是 employee，要么是 member，只能二选其一，不能同时存在。

```
  < xs:element name= "person">
    < xs:complexType>
      < xs:choice>
        < xs:element name= "employee"  type= "employee"/>
        < xs:element name= "member"  type= "member"/>
      < /xs:choice>
    < /xs:complexType>
  < /xs:element>
```

3. <all>声明

<all>元素规定子元素可以按照任意顺序出现，<all>元素的子元素在默认情况下是必须要出现的，而且只出现一次。

```
< xs:element name= "person">
  < xs:complexType>
    < xs:all>
      < xs:element name= "firstname"  type= "xs:string"/>
      < xs:element name= "lastname"  type= "xs:string"/>
    < /xs:all>
  < /xs:complexType>
< /xs:element>
```

4.5.6 元素组和属性组

1. <group>声明

<group>声明的作用是建立一个可以重用的元素组，通过<group>引用，我们可以重用并组合整个内容模型。

所有的<group>声明都必须被命名，在<group>声明内部定义一个all，choice 或者 sequence 元素。

```
< xs:group name= "persongroup">
  < xs:sequence>
    < xs:element name= "firstname" type= "xs:string"/>
    < xs:element name= "lastname" type= "xs:string"/>
    < xs:element name= "birthday" type= "xs:date"/>
  < /xs:sequence>
< /xs:group>
```

把元素组定义完毕以后，就可以在另一个定义中引用它了，当建立<group>引用声明时，需要插入 ref 属性，并把它的值设置为以上元素组的名字。

```
< xs:element name= "person"  type= "personinfo"/>
< xs:complexType name= "personinfo">
  < xs:sequence>
    < xs:group ref= "persongroup"/>
    < xs:element name= "country"  type= "xs:string"/>
  < /xs:sequence>
< /xs:complexType>
```

2. <attributeGroup>声明

<attributeGroup>声明用于创建一个可以重用的属性组，如下所示：

```
< xs:attributeGroup name= "personattrgroup">
  < xs:attribute name= "firstname"  type= "xs:string"/>
  < xs:attribute name= "lastname"  type= "xs:string"/>
  < xs:attribute name= "birthday"  type= "xs:date"/>
< /xs:attributeGroup>
```

在使用<attributeGroup>时，需要在<complexType>中插入一个<attributeGroup>引用声明，同时还需要插入 ref 属性，并把它的值设置为以上属性组的名字，如下所示：

```
< xs:element name= "person">
  < xs:complexType>
    < xs:attributeGroup ref= "personattrgroup"/>
  < /xs:complexType>
< /xs:element>
```

4.6 本章小结

XML Schema(简称 XSD)是基于 XML 的，可用于替代文档类型定义(DTD)，用于描述 XML 结构的 XML 模式语言。本章概述了 DTD 的局限、XSD 的优点。介绍的 XSD 数据类型，包括简单类型和复合类型。本章概述了 XSD 的数据类型，介绍了使用数据类型声明元素和属性。XSD 作为验证 XML 文档有效性的主要技术，目前已经成为事实上的 XML 文档验证标准。

4.7 习　　题

一、填空题

1. XML Schema 语言也称作 XML Schema 定义，简称__________。

2. 所有 Schema 文档必须使用__________元素作为其根元素。

3. XML Schema 中的数据类型可分为简单类型和____________。

4. 简单数据类型分为内置类型和自定义类型，其中用户自定义数据类型是对内置类型或其他用户自定义类型加以限制或____________生成的。

5. 用户自定义简单数据类型需要用 XSD 中的关键字____________进行定义。

6. 复合数据类型需要用 XSD 中的关键字____________进行定义。

7. 在 XSD 中元素＜element＞中的属性 minOccurs 的作用是____________。

二、选择题

1. 考虑如下的 XML. Schema 示例

```
< xs:element name= "Price">
< xs:complexType>
< xs:attribute name= "currency" type= "xs:string"/>
< /xs:complexType>
< /xs:element>
```

属性 currency 声明等同于下面哪一个选项的 DTD 声明？(　　)

A. ＜! ATTLIST Price currency CDATA ＃REQUIRED＞

B. ＜! ATTLIST Price currency CDATA ＃FIXED＞

C. ＜! ATTLIST Price currency CDATA ＃IMPLIED＞

D. ＜! ATTLIST Price currency PCDATA ＃IMPLIED＞

2. 在 Schema 中，声明一个元素的属性的 attribute 元素有一个常用的属性 use，下列 use 的取值不正确的是(　　)。

A. empty　　B. required

C. optional　　D. prohibited

3. 定义一个名称为“月份”的数据类型的 Schema 片段为(　　)。

A.

```
<xs:simpleType name="月份">
<xs:restriction base"xs:byte">
<xs:minOccurs value="1"/>
<xs:maxOccurs value="12"/>
</xs:restiction>
</xs:simpleType>
```

B.

```
<xs:simpleType name="月份">
<xs:restriction base"xs:byte">
```

<xs:enumeratipn value="1"/>
<xs:enumeratipn value="12"/>
</xs:restiction>
</xs:simpleType>

C.

<xs:simpleType name="月份">
<xs:restriction base"xs:byte">
<xs:minInclusive value="1"/>
<xs:maxInclusive value="12"/>
</xs:restiction>
</xs:simpleType>

D.

<xs:simpleType name="月份">
<xs:restriction base"xs:byte">
<xs:minExclusive value="1"/>
<xs:maxExclusive value="12"/>
</xs:restiction>
</xs:simpleType>

4. Schema 与 DTD 的相同之处有(　　)。

A. 基于 XML 语法

B. 支持命名空间

C. 可扩展

D. 对 XML 文档结构进行验证

5. 在 Schema 中,以下哪个属性是指定元素最多出现的次数?(　　)

A. minOccurs　　　　B. maxOccurs

C. minExclusive　　　　D. maxExclusive

三、简答题

1. 什么是 Schema? Schema 的作用有哪些?

2. 简述 Schema 中有哪些数据类型?

四、上机题

1. 分析以下 XML 实例,为其编写一个 XSD 模式文档,其中<book>元素可以包含多个<author>。

```
< ? xml version= "1.0"  encoding= "UTF-8"? >
```

```
< book category= "COOKING"  lang= "en">
  < title> Everyday Italian< /title>
  < author> Giada De Laurentiis< /author>
  < year> 2005< /year>
  < price> 30.00< /price>
< /book>
```

2.分析以下 XML 实例,为其编写一个 XSD 模式文档。

```
< CD TYPE= "MP3">
  < TITLE> TITLE1< /TITLE>
  < ARTIST> Bob Dylan< /ARTIST>
  < COUNTRY> USA< /COUNTRY>
  < COMPANY> Columbia< /COMPANY>
  < PRICE TYPE = "US"> 10.90< /PRICE>
  < YEAR> 1981< /YEAR>
< /CD>
```

3.现需要使用 XML 文件存储以下类型的学生选课信息。

a.请设计用于规范此 XML 文件的 XML Schema 文件。

b.根据所设计的 XML Schema 文件编写 XML 文件,用于存储下表中的学生选课信息。

学号	姓名	性别	年龄	系别	所选课程
994610	张三	男	22	自动化	摄影艺术
994611	李四	男	21	计算机	西方文学
994612	王五	男	23	机械工程	宗教文化
994613	赵六	女	22	汽车工程	体育舞蹈

其中,描述选课信息表有如下要求:

- 学生年龄限制在 18～35 岁间;
- 可用系别为“自动化”“计算机”“机械工程”“汽车工程”;
- 可选课程为“摄影艺术”“西方文学”“宗教文化”“体育舞蹈”“控制原理”“网络原理”“程序设计”“数据库系统”;
- 学号必须满足 6 位数字。
- 可用性别为“男”,“女”。

第 5 章　XPath

5.1　XPath 简介

XPath 即 XML 路径语言，是一门在 XML 文档中查找信息的语言。XPath 基于 XML 的树状结构，提供在此数据结构树中找寻元素和属性等节点的能力。

- XPath 使用路径表达式在 XML 文档中进行导航。
- XPath 包含一个标准函数库。
- XPath 是 XSLT 中的主要元素。
- XPath 是一个 W3C 标准。

XML 很多高级应用，如 XQuery 和 XPointer 等都构建于 XPath 表达之上的。因此，对 XPath 的理解是很多高级 XML 应用的基础。

XPath 使用路径表达式识别 XML 文档里的节点。这些路径表达式看起来很像计算机的文件系统

```
C:/xpath/1.htm
```

XPath 路径表达式如下所示，表示从文档的根节点开始寻找 library 元素节点下的 book 元素子节点

```
/library/book
```

5.2　XPath 节点

5.2.1　XPath 节点

XPath 将 XML 文档看作由节点构成的层次树，在 XPath 中有七种类型的节点。

1. 根节点(root node)

根节点代表文档本身，是一棵树的最上层，它与文档内容无关，根节点是唯一的。树上其他所有元素节点都是它的子节点或后代节点。

2. 元素节点(element nodes)

元素节点对应于文档中的每一个元素，一个元素节点的子节点可以是元素节点、注释节点、处理指令节点和文本节点。元素节点都可以有扩展名，它是由两部分组成的：一部分是命名空间 URI，另一部分是本地的命名。

3. 属性节点(attribute nodes)

每一个元素节点有一个相关联的属性节点集合，元素是每个属性节点的父节点，但属性节点却不是其父元素的子节点。

4. 文本节点(text nodes)

文本节点包含了一组字符数据，即 CDATA 中包含的字符。任何一个文本节点都不会有紧邻的兄弟文本节点，而且文本节点没有扩展名。

5. 命名空间节点(namespace nodes)

每一个元素节点都有一个相关的命名空间节点集。在 XML 文档中，命名空间是通过保留属性声明的。因此，在 XPath 中，该类节点与属性节点极为相似，它们与父元素之间的关系是单向的。

6. 处理指令节点(PI nodes)

处理指令节点对应于 XML 文档中的每一条处理指令。它也有扩展名，扩展名的本地命名指向处理对象，而命名空间部分为空。

7. 注释节点(attribute nodes)

注释节点对应于文档中的注释。

我们可以通过编写 XPath 表达式来定位树中特定的节点。对一个文档使用 XPath 会得到以下几种结果：一个单独的节点、一组节点、一个布尔值、一个浮点数或者一个字符串。

以以下 XML 文档为例：

```
< ? xml version= "1.0"  encoding= "UTF-8"? >
```

```
< bookstore>
  < book>
    < title lang= "en"> Harry Potter< /title>
    < author> J K.Rowling< /author>
    < year> 2005< /year>
    < price> 29.99< /price>
  < /book>
< /bookstore>
```

在 XPath 中该 XML 文档是被作为节点树来对待的。树的根被称为文档节点或者根节点。根节点用“/”表示。其中：

<bookstore>是文档的根元素节点；

<author>J K. Rowling</author>是元素节点；

J K. Rowling 是文本节点，元素节点的文本是存储在文本节点中的；

lang="en"，是 title 的属性节点，但不是 title 的子节点。

5.2.2 节点之间的关系

XPath 节点之间有如下关系。

1. 双亲关系

每个元素以及属性都有一个双亲。在上面的例子中，<book>元素是<title>、<author>、<year>以及 <price>元素的双亲节点。

2. 子节点关系(children)

元素节点可有零个、一个或多个子节点。在上面的例子中，<title>、<author>、<year>以及 <price>元素都是<book>元素的子节点。

3. 兄弟关系(sibling)

拥有相同的双亲节点称为兄弟节点。在上面的例子中，<title>、<author>、<year>以及 <price>元素都是兄弟节点。

4. 祖先(ancestor)

某节点的父节点、父节点的父节点等，称为该节点的祖先。在上面的例子中，<title>元素的祖先是<book>元素和<bookstore>元素。

5. 后代(descendant)

某个节点的子节点,子节点的子节点等,称为该节点的后代。在上面的例子中,<bookstore>的后代是 <book>,<title>,<author>,<year>以及 <price>元素。

5.3 XPath 语法

5.3.1 XPath 基本语法

XPath 使用路径表达式来选取 XML 文档中的节点或节点集。节点是通过路径(Path)来选取的。XPath 路径表达式分为相对位置路径表达式和绝对位置路径表达式,绝对定位路径以一个斜线(/)开头,而相对定位路径没有。每一个定位路径是由一系列定位步组成的。XPath 语法如下

相对路径:Step1/Step2/Step3

绝对路径:/Step1/Step2/Step3

我们将以下面 XML 文档中使用 XPath 表达式为例,XPath 表达式如表 5-1 所示。

```
< ? xml version= "1.0"  encoding= "ISO- 8859- 1"? >
< bookstore>
  < book>
    < title lang= "en"> Harry Potter< /title>
    < price> 29.99< /price>
  < /book>
  < book>
    < title lang= "cn"> Learning XML< /title>
    < price> 39.95< /price>
  < /book>
< /bookstore>
```

表 5-1 XPath 表达式实例

XPath 表达式	结果
/bookstore	选取根元素 bookstore

续表

XPath 表达式	结果
/bookstore/book	选取属于 bookstore 的子元素的所有 book 元素
/bookstore/book/title	选取属于每个 book(属于 bookstore 的子元素)的子元素的所有 title 元素
/bookstore/book	选取属于 bookstore 的子元素的所有 book 元素
//book	选取所有 book 子元素,而不管它们在文档中的位置
//@lang	选取名为 lang 的所有属性

实际上,每一个定位步由三个部分内容组成。

轴::节点测试[谓语]

• 轴(axis)

定义所选节点与当前节点之间的树关系。

• 节点测试(node—test)

设置要选择的节点集,用于识别某个轴内部的节点。

• 可选谓语(predicate)

可添加零个或者多个的谓语,设置节点集的查询条件,用于更深入地提炼所选的节点集。

5.3.2 XPath 轴

XPath 轴及其实例如表 5-2、表 5-3 所示。

表 5-2 Xpath 轴

轴名称	结果
ancestor(祖先轴)	选取当前节点的所有先辈(父、祖父等)
ancestor-or-self(祖先自身轴)	选取当前节点的所有先辈(父、祖父等)以及当前节点本身
attribute(属性轴)	选取当前节点的所有属性
child(子轴)	选取当前节点的所有直接子元素
descendant(子孙轴)	选取当前节点的所有后代元素(子、孙等)
descendant-or-self(子孙自身轴)	选取当前节点的所有后代元素(子、孙等)以及当前节点本身
following(后继轴)	选取文档中当前节点的结束标签之后的所有节点

续表

轴名称	结果
following-sibling(后继兄弟轴)	选取文档中后继轴里与当前节点享受同一双亲的所有节点
namespace(名称空间轴)	选取当前节点的所有命名空间节点
parent(双亲轴)	选取当前节点的父节点
preceding(前驱轴)	选取文档中当前节点的开始标签之前的所有节点
preceding-sibling(前驱兄弟)	选取当前节点之前的所有同级节点
self(自身轴)	选取当前节点

表 5-3 XPath 轴实例

例子	结果
child::book	选取所有属于当前节点的子元素的 book 节点
attribute::lang	选取当前节点的 lang 属性
child::*	选取当前节点的所有子元素
attribute::*	选取当前节点的所有属性
child::text()	选取当前节点的所有文本子节点
child::node()	选取当前节点的所有子节点
descendant::book	选取当前节点的所有 book 后代
ancestor::book	选择当前节点的所有 book 先辈
ancestor-or-self::book	选取当前节点的所有 book 先辈以及当前节点(如果此节点是 book 节点)
child::*/child::price	选取当前节点的所有 price 孙节点

在编写 XPath 表达式时,可以使用一些轴的缩写表示形式,如表 5-4 所示。

表 5-4 XPath 轴的缩写形式

缩写形式	完整表示形式
(无)	等价于 child::
@	等价于 attribute::
.	指示当前上下文,等价于 self::node()

续表

缩写形式	完整表示形式
//	递归下降;在任意深度搜索指定元素。此路径运算符出现在模式开头时,表示应从根节点递归下降
//X	等价于/descendant-or-self::node()/child::X
.//X	等价于 self::node()/descendant-or-self::node()/child::X
..	等价于 parent::node()
../X	等价于 parent::node()/child::X

5.3.3 节点测试

节点测试用来确定选取轴中哪类节点。节点测试可以是名称测试或者类型测试。

1. 名称测试

名称测试表示根据指定的名称对当前节点进行选取,如下所示。

```
/child::bookstore/child::book
/bookstore/book
```

在名称测试中,可以使用通配符“*”,如表 5-5 所示,通配符实例如表 5-6 所示。

表 5-5 XPath 通配符

缩写形式	含义
*	元素通配符;选择所有元素节点,与元素名无关
@*	属性通配符;选择所有属性节点,与名称无关

表 5-6 XPath 通配符实例

路径表达式	结果
/bookstore/*	选取 bookstore 元素的所有子元素
//*	选取文档中的所有元素
//title[@*]	选取所有带有属性的 title 元素

2. 类型测试

类型测试则允许根据节点的类型对节点进行选取。有些类型的节点(比如注释节点和文本节点)是没有名称的，所以无法使用名称测试，而只能使用类型测试的方式。

以下 XPath 表达式表示选择<bookstore>元素下的所有节点

```
/child::bookstore/child::node()
```

以下 XPath 表达式表示选择<book>元素下的所有文本节点

```
/bookstore/book/text(),
```

5.3.4 谓语

谓语使用方括号［...］的形式进行表示，用于对指定关系轴的、满足节点测试的所有节点使用谓语中规定的条件进行筛选。

XPath 表达式实例如表 5-6 所示。

表 5-7 XPath 表达式实例

XPath 表达式	执行结果
/bookstore/book[1]	选取属于 bookstore 子元素的第一个 book 元素
/bookstore/book[last()]	选取属于 bookstore 子元素的最后一个 book 元素
/bookstore/book[last()－1]	选取属于 bookstore 子元素的倒数第二个 book 元素
/bookstore/book[position()<3]	选取最前面的两个属于 bookstore 元素的子元素的 book 元素
/bookstore/book/title[@lang]	选取所有拥有名为 lang 的属性的 title 元素
/bookstore/book/title[@lang='eng']	选取所有 title 元素，且这些元素拥有值为 eng 的 lang 属性
/bookstore/book[price>35.00]	选取 bookstore 元素的所有 book 元素，且其中的 price 元素的值须大于 35.00
/bookstore/book[price>35.00]/title	选取 bookstore 元素中的 book 元素的所有 title 元素，且其中的 price 元素的值须大于 35.00

5.4　XPath 运算符

XPath 提供了大量的运算符，包含加、减、乘、除等算术运算符，大于、大于等于、小于、小于等于、不等于等关系运算符，逻辑与、逻辑或等逻辑运算符，XPath 运算符如表 5-8 所示。

表 5-8　XPath 运算符

运算符	描述	实例	返回值
|	计算两个节点集	//book |//cd	返回所有拥有 book 和 cd 元素的节点集
＋	加法	6 ＋ 4	10
－	减法	6 － 4	2
*	乘法	6 * 4	24
div	除法	8 div 4	2
＝	等于	price＝9.80	如果 price 是 9.80，则返回 true； 如果 price 是 9.90，则返回 false
！＝	不等于	price！＝9.80	如果 price 是 9.90，则返回 true； 如果 price 是 9.80，则返回 false
＜	小于	price＜9.80	如果 price 是 9.00，则返回 true； 如果 price 是 9.90，则返回 false
＜＝	小于或等于	price＜＝9.80	如果 price 是 9.00，则返回 true； 如果 price 是 9.90，则返回 false
＞	大于	price＞9.80	如果 price 是 9.90，则返回 true； 如果 price 是 9.80，则返回 false
＞＝	大于或等于	price＞＝9.80	如果 price 是 9.90，则返回 true； 如果 price 是 9.70，则返回 false
or	或	price＝9.80 or price＝9.70	如果 price 是 9.80，则返回 true； 如果 price 是 9.50，则返回 false
and	与	price＞9.00 and price＜9.90	如果 price 是 9.80，则返回 true； 如果 price 是 8.50，则返回 false

续表

运算符	描述	实例	返回值
mod	计算除法的余数	5 mod 2	1

5.5 XPath 函数

XPath 含有超过 100 个内建的函数。这些函数用于字符串值、数值、日期和时间比较、节点和 QName 操作、序列操作、逻辑值,等等。

XPath 函数的命名空间的 URI 为

```
http://www.w3.org/2005/02/xpath- functions
```

函数命名空间的默认前缀是 fn。

提示:函数在被调用时常带有 fn:前缀,例如,fn:string()。不过,既然 fn:是命名空间的默认前缀,那么在被调用时,函数的名称不必使用前缀。

常用字符串函数如表 5-9 所示。

常用数值函数如表 5-10 所示。

常用统计函数如表 5-11 所示。

常用节点函数如表 5-12 所示。

表 5-9 常用字符串函数

名称	说明
string(arg)	返回参数的字符串值。参数可以是数字、逻辑值或节点集。 例:<xsl:value-of select="string(314)"/> 结果:"314"
concat(string,string,...)	返回字符串的拼接。 例:<xsl:value-of select="concat('XPath ','is ','FUN!')"/> 结果:'XPath is FUN!'
string-join((string,string,...),sep)	使用 sep 参数作为分隔符,来返回 string 参数拼接后的字符串。 例:<xsl:value-of select="string-join(('We','are','having','fun!'),' ')"/> 结果:'We are having fun!'

续表

名称	说明
substring(string,start,len) substring(string,start)	返回从 start 位置开始的指定长度的子字符串。第一个字符的下标是 1。如果省略 len 参数,则返回从位置 start 到字符串末尾的子字符串。 例:<xsl:value－of select＝"substring('Beatles',1,4)"/> 结果:'Beat' 例:<xsl:value－of select＝"substring('Beatles',2)"/> 结果:'eatles'
string－length(string) string－length()	返回指定字符串的长度。如果没有 string 参数,则返回当前节点的字符串值的长度。 例:<xsl:value－of select＝"string－length('Beatles')"/> 结果:7
normalize－space(string) normalize－space()	删除指定字符串的开头和结尾的空白,并把内部的所有空白序列替换为一个,然后返回结果。如果没有 string 参数,则处理当前节点。 例:<xsl:value－of select＝"normalize－space(' The XML ')"/> 结果:'The XML'
upper－case(string)	把 string 参数转换为大写。 例:<xsl:value－of select＝"upper－case('The XML')"/> 结果:'THE XML'
lower－case(string)	把 string 参数转换为小写。 例:<xsl:value－of select＝"lower－case('The XML')"/> 结果:'the xml'
contains(string1,string2)	如果 string1 包含 string2,则返回 true,否则返回 false。 例:<xsl:value－of select＝"contains('XML','XM')"/> 结果:true
starts－with(string1,string2)	如果 string1 以 string2 开始,则返回 true,否则返回 false。 例:<xsl:value－of select＝"starts－with('XML','X')"/> 结果:true

续表

名称	说明
ends－with (string1,string2)	如果 string1 以 string2 结尾，则返回 true，否则返回 false。 例：<xsl:value－of select＝"ends－with('XML','X') "/> 结果：false
substring－before (string1,string2)	返回 string2 在 string1 中出现之前的子字符串。 例：<xsl:value－of select＝"substring－before('12/10','/') "/> 结果：'12'
substring－after (string1,string2)	返回 string2 在 string1 中出现之后的子字符串。 例：<xsl:value－of select＝"substring－after('12/10','/') "/> 结果：'10'
matches (string,pattern)	如果 string 参数匹配指定的模式，则返回 true，否则返回 false。 例：< xsl: value － of select ＝ " matches (" Merano", "ran")"/> 结果：true
replace(string, pattern,replace)	把指定的模式替换为 replace 参数，并返回结果。 例：<xsl:value－of select＝"replace("Bella Italia","l", "＊")"/> 结果：'Be＊＊a Ita＊ia'

表 5-10　常用数值函数

名称	说明
number(arg)	返回参数的数值。参数可以是布尔值、字符串或节点集。 例：<xsl:value－of select＝"number('100')"/> 结果：100
abs(num)	返回参数的绝对值。 例：<xsl:value－of select＝"number(3.14)"/> 结果：3.14 例：<xsl:value－of select＝"number(－3.14)"/> 结果：3.14

续表

名称	说明
ceiling(num)	返回大于 num 参数的最小整数。 例：<xsl：value－of select＝"ceiling(3.14)"/> 结果：4
floor(num)	返回不大于 num 参数的最大整数。 例：<xsl：value－of select＝"floor(3.14)"/> 结果：3
round(num)	把 num 参数舍入为最接近的整数。 例：<xsl：value－of select＝"round(3.14)"/> 结果：3

表 5-11　常用统计函数

名称	说明
count((item,item,...))	返回节点的数量
avg((arg,arg,...))	返回参数值的平均数。例：avg((1,2,3)) 结果：2
max((arg,arg,...))	返回大于其他参数的参数。例：max((1,2,3)) 结果：3 例：max(('a','k')) 结果：'k'
min((arg,arg,...))	返回小于其他参数的参数。例：min((1,2,3)) 结果：1 例：min(('a','k')) 结果：'a'
sum(arg,arg,...)	返回指定节点集中每个节点的数值的总和

表 5-12　常用节点函数

名称	说明
name() name(nodeset)	返回当前节点的名称或指定节点集中的第一个节点

续表

名称	说明
local－name() local－name(nodeset)	返回当前节点的名称或指定节点集中的第一个节点 － 不带有命名空间前缀
namespace－uri() namespace－uri(nodeset)	返回当前节点或指定节点集中第一个节点的命名空间 URI
lang(lang)	如果当前节点的语言匹配指定的语言，则返回 true。 例：Lang("en") is true for <p xml:lang="en">...</p> 例：Lang("de") is false for <p xml:lang="en">...</p>
root() root(node)	返回当前节点或指定的节点所属的节点树的根节点。通常是文档节点
position()	返回当前正在被处理的节点的 index 位置。 例：//book[position()＜＝3] 结果：选择前三个 book 元素
last()	返回在被处理的节点列表中的项目数目。 例：//book[last()] 结果：选择最后一个 book 元素

5.6 XPath 查询实例

(1)打开 XMLSpy，新建 XML 文档，输入 5.3.1 所示的 XML 文档内容(图 5.1)。

(2)在 Output 窗口中点击 XPath 选项卡，输入 XPath 表达式查询 XML 文档中价格大于 35 的所有 book 元素(图 5.2)。

(3)在 XPath 窗口中，点击输入 [<·>] 按钮，在 XPath 查询结果窗口中将显示完整的节点信息(图 5.3)。

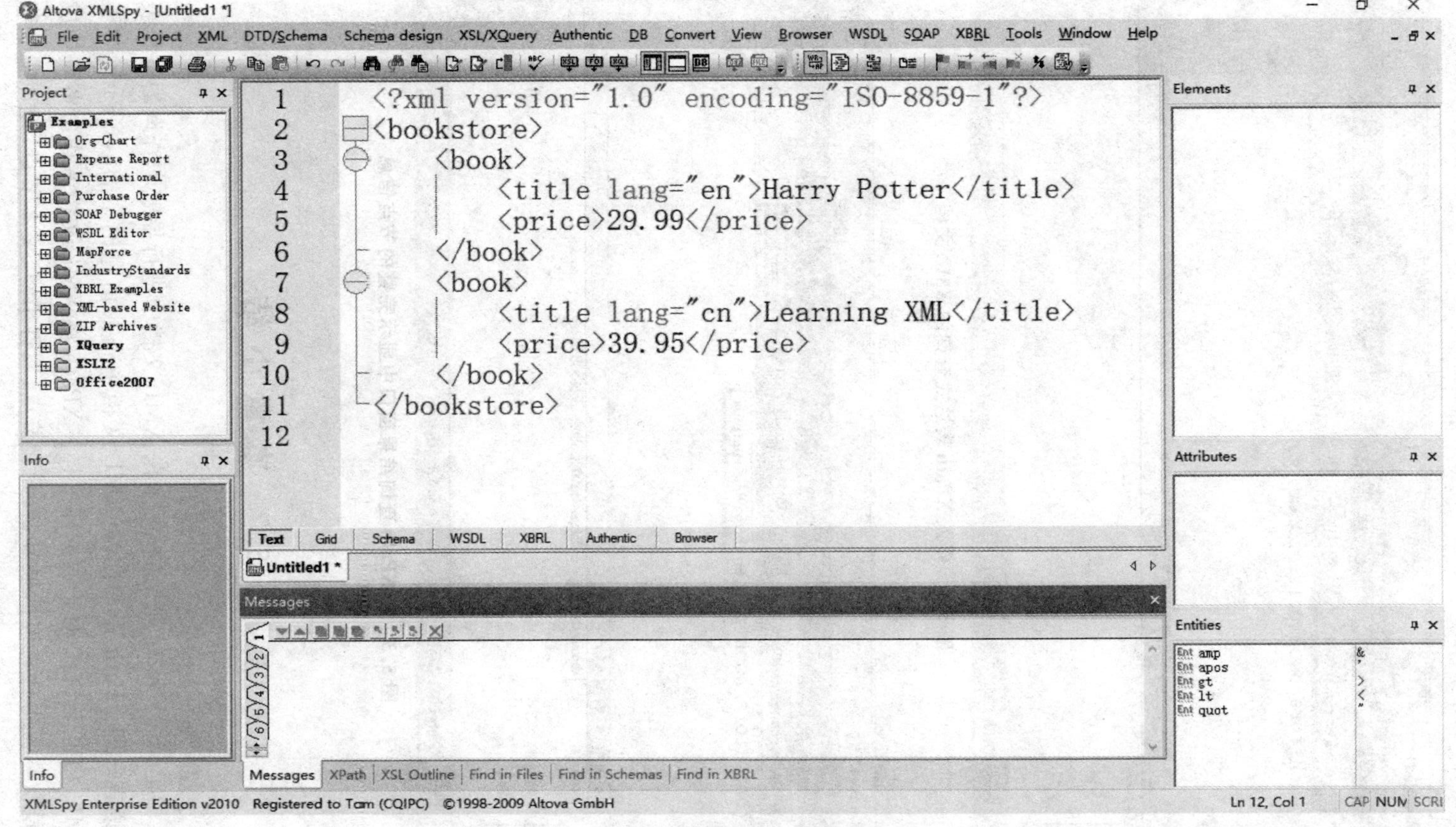

图5.1 XMLSpy新建待查询的XML文档

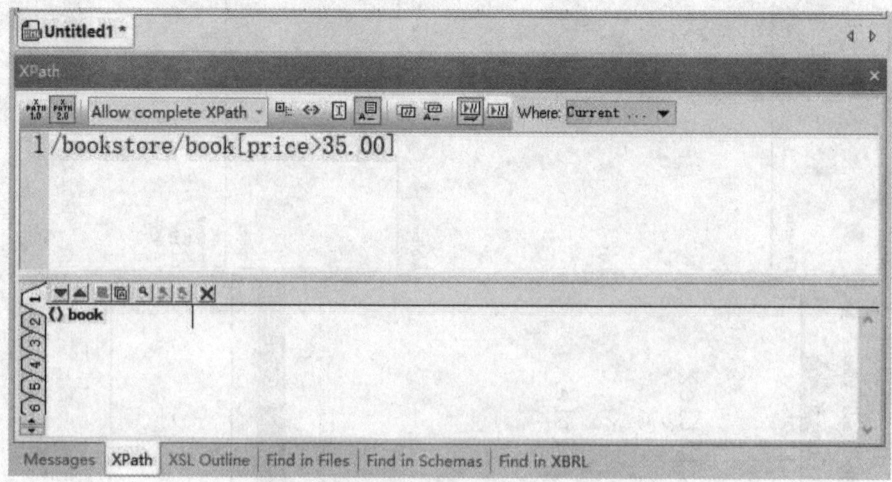

图 5.2 输入 XPath 表达式查询的 XML 文档

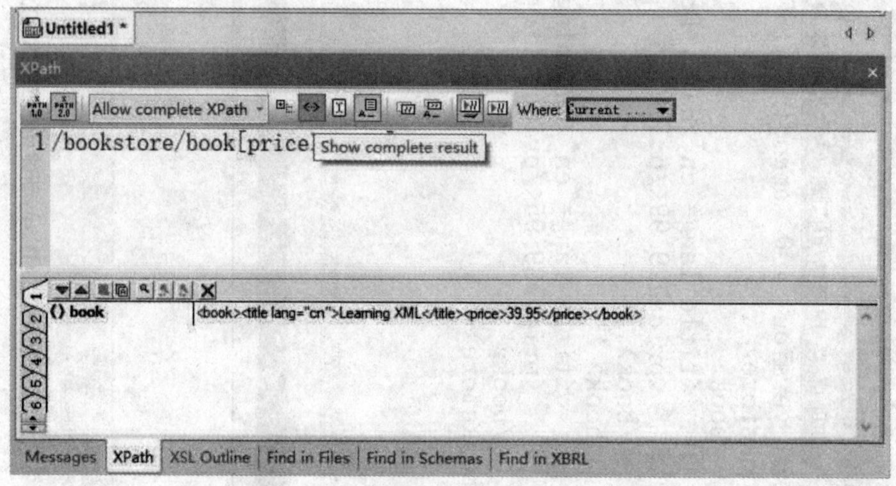

图 5.3 在 XPath 查询结果窗口中显示完整的节点信息

5.7 本章小结

XPath 是 W3C 制定的、用来在 XML 文档中进行导航和查询的路径表达语言。即 XPath 是一门在 XML 文档中查找信息的语言。XPath 对于 XML，相当于 SQL 对于数据库一样。XPath 将 XML 文档看作由节点构成的层次树。每棵树包括根节点、元素节点、属性节点、文本节点、处理指令节点、注释节点和命名空间节点。XPath 使用路径表达式来选取 XML 文档中的节点或节点集。节点是通过沿着路径（Path）来选取的。本章概述了 XPath 路径表达式的基本语法、XPath 运算符和 Xpath 函数，为下一章的 XSLT 的学习打下基础。

5.8 习 题

一、填空题

1. XPath 使用路径表达式来选取 XML 文档中的节点或节点集。每一个定位路径是由一系列__________组成的。

2. XPath 表达式的每一个定位步由三个部分内容组成：__________、__________和__________。

3. XPath 表达式中的“轴”主要用于定义__________。

4. XPath 表达式中的“节点测试”主要用于设置__________。

5. XPath 表达式中的“谓语”主要用于设置__________。

二、选择题

1. 下面是 XML 提供的编程接口，用于开发人员访问 XML 文档的是(　　)。

A. XPath　　B. DOM　　C. XSL　　D. DTD

2. 在 XML 中，下列关于 XPath 的说法错误的是(　　)。

A. XPath 被称为路径表达式

B. 如果把 XML 文档实例当作数据库，那么 XPath 就相当于 SQL

C. XPointer 依赖于 XPath

D. XPath 可以定义 XML 文档间的链接关系

3. 选择 catalog 元素下的所有名为 cd 的子元素，要使用的 XPath 表达式是(　　)。

A. /catalog　　B. /catalog/cd　　C. /catalog/cd/*

4. 在 5.3.1 节所示的 XML 文档中选择价格大于 30 的所有 book 元素，使用的 XPath 表达式是(　　)。

A. /bookstore/book/price>30

B. /bookstore/book[price>30]

C. /bookstore/book&price>30

D. /bookstore/book[@price＞30]

5. 在 5.3.1 节所示的 XML 文档中属性 lang 的值为“cn”的选择所有 book 元素，使用的 XPath 表达式是(　　)。

A. /bookstore/book [@lang＝"cn"]

B. /bookstore/book[title/@lang＝"cn"]

C. /bookstore/book[title/lang＝"cn"]

D. /bookstore/book/title[@lang＝"cn"]

6. XPath 是什么(　　)。

A. XML 的路径语言　　B. XML 的转化

C. 文档对象模型　　D. XML 命名空间

7. 阅读下面 XML 文档，然后判断下列说法正确的是(　　)。

```
< book>
< author> tom< /author>
< bookcode> 12< /bookcode>
< /book>
```

A. ＜book＞是元素节点，同样也是文本节点

B. ＜author＞是元素节点，同样也是文本节点

C. tom 是文本节点

D. tom 是元素节点

三、上机题

以下为 books. xml 文件中主要内容：

```
< ? xml version= "1.0"  encoding= "utf- 8"? >
< bookstore>
  < book category= "COOKING">
    < title lang= "en"> Everyday Italian< /title>
    < author> Giada De Laurentiis< /author>
    < year> 2005< /year>
    < price> 30.00< /price>
  < /book>
  < book category= "CHILDREN">
    < title lang= "jp"> Harry Potter< /title>
    < author> J K.Rowling< /author>
    < year> 2005< /year>
    < price> 29.99< /price>
```

```
  < /book>
  < book category= "WEB">
    < title lang= "en"> XQuery Kick Start< /title>
    < author> James McGovern< /author>
    < author> Per Bothner< /author>
    < author> Kurt Cagle< /author>
    < author> James Linn< /author>
    < author> Vaidyanathan Nagarajan< /author>
    < year> 2003< /year>
    < price> 49.99< /price>
  < /book>
  < book category= "WEB">
    < title lang= "en"> Learning XML< /title>
    < author> Erik T.Ray< /author>
    < year> 2003< /year>
    < price> 39.95< /price>
  < /book>
< /bookstore>
```

在 books.xml 文件上查询以下内容：

1.查询所有的 book

2.查询第二个 book

3.查询倒数第二个 book

4.查询第二表 book 元素中所有子元素

5.查询 book 元素的 title 和 price 子元素

6.查询 category 为 Web 的 book 元素

7.查询 author 个数大于 1 的 book 元素

8.查询 lang 属性等于 en 的 book 元素

9.查询 price 小于 35 的 book 元素

10.查询 price 大于 30 的 book 元素

11.查询 title 为"XQuery Kick Start"的 book 元素的价格

12.查询 year 为"2003"的 book 元素的 title

13.查询 title 为"Harry Potter"的 book 的 lang 属性

14.查询 title 为"Everyday Italian"的 book 的 category 属性

15.查询 title 为"Learning XML"的 author

第 6 章　XSLT

6.1　XSLT 简介

6.1.1　XSL 概述

XSL(eXtensible Stylesheet Language,扩展样式表语言),是 W3C 专门为 XML 所制定的,主要用于将一份 XML 文档转换为另一份能够显示的结构化文档(通常是 HTML 文档),以可读格式呈现 XML 数据的语言。XSL 由 3 大部分组成:

• XSLT

一种用于转换 XML 文档的语言,主要用于将一份 XML 文档转换成另一份可浏览或可输出的文档,并可控制转换后的显示外观。

• XPath

一种用于在 XML 文档中导航的语言,用于识别、选择和匹配 XML 文档中的各种组成部分,包括元素、属性和文本内容。

• XSLF

一种用于格式化 XML 文档的语言,用于 XSLT 转换完成后格式化得到的文档,作用类似于 CSS 在 HTML 中的作用。

6.1.2　XSLT 简介

XSLT(eXtensible Stylesheet Language Tranformation)是可扩展样式表转换语言的缩写,它是一种对 XML 文档进行转换的语言,XSLT 中的 T 代表英语中的“转换”(transformation)。它是可扩展样式表语言 XSL(eXtensible Stylesheet Language)规范的一部分。在许多商业领域,数据直接存储为 XML 格式或者保存为数据库文件(也可转换为 XML 格式)。在企业之间进行数据交换之前,XML 数据要以一种便于终端用户或企业合作伙伴使用的格式提供给他们，我们需要把 XML 格式转换为显示格式，或需要对 XML 格式进行重组，以便公司的合作伙伴共享。在这方面，XSLT 起着非常关键的作用。

6.1.3 XSLT 主要应用

1. 显示 XML

在 PC 端，通常把 XML 文档转换为 HTML 格式或 XHTML 格式在电脑上显示。在移动端，也可以用其他可选格式显示 XML 文档。在显示之前，经常用 XSLT 转换 XML 文档的部分内容。例如，假设我们创建一组 HTML 超级链接页面，每个页面都包含某一个时期的数据。利用 XSLT 技术，我们可以从同一个 XML 文档里为不同的页面选取不同的数据。

2. 重构 XML

XSLT 的一个主要应用就是重构 XML 文档，供其他用户使用，如企业的合作伙伴。一个常见的情形：两家公司需要通过电子手段交换 XML 文档，但是由于历史的原因，一些重要的文档，如发货单或订货单，其结构方面存在很大差异。通过 XSLT 技术，可以将源文档的部分或全部内容转换为目标文档。在转换为目标文档时，将源文档的内容复制到目标文档的过程中，可以重新构建新的元素或属性，也可以选择性地去掉源文档的某些元素和属性，实现源文档和目标文档之间的转换。

6.1.4 XSLT 处理过程

XSLT 处理过程如图 6.1 所示，主要包含三个步骤。

(1)在进行 XSLT 的转换任务时，通常需要两个输入文档，一个是包含源数据的 XML 文档，另一个是包含转换任务规则的 XSLT 文档。

(2)由 XML 解析器对这两个文档进行解析，将包含源数据的 XML 文档转换为所对应的文档树结构，将 XSLT(XSL)文档中定义的处理模块看作是一系列的转换规则。

(3)由 XSLT 引擎调用这些规则，对文档树进行遍历，分别处理其中指定的数据节点，将其转换为所需的结果集，并序列化为结果文档。

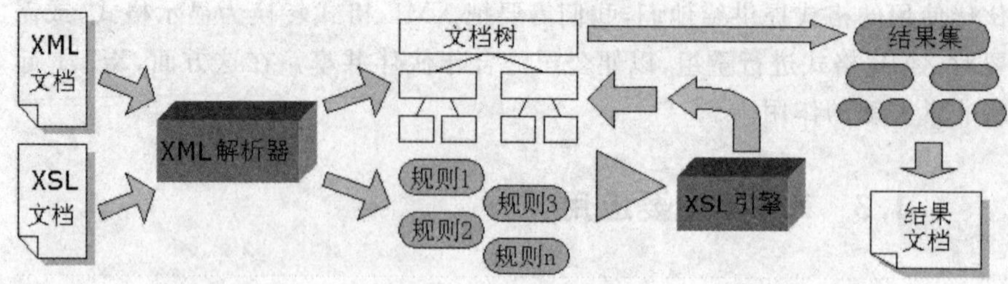

图 6.1 XSLT 处理过程

6.2 XSLT 文档

6.2.1 XSLT 文档结构

一个完整的 XSLT 文档实例如下所示：

```
1 <?xml version="1.0" encoding="UTF-8"?>
2 <xsl:stylesheet version="1.0" xmlns:xsl="http://www.w3.org/1999/XSL/Transform">
3   <xsl:template match="/">
4     <xsl:for-each select="/bookstore/book">
5       <xsl:value-of select="./title"/>
6       <br/>
7       <xsl:value-of select="./price"/>
8       <hr/>
9     </xsl:for-each>
10  </xsl:template>
11 </xsl:stylesheet>
```

XSLT 文档结构由以下几部分组成：

• XML 文档声明，XSLT 本身就是 XML 文档；

• XSLT 文档根元素，每个完整的 XSLT 文档都有一个 xsl:stylesheet 元素或 xsl:transform 元素作为文档根元素；

• XSLT 转换规则，转换规则由一个或多个被称为模板元素组成，包含在 xsl:template 元素中，如第 4 行至第 10 行。

6.2.2　创建 XSLT 文档

如下所示为 book.xml 文档的内容，现创建一份 XSLT 文档对 book.xml 文档进行转换。

```
< ? xml version= "1.0"  encoding= "UTF- 8"? >
< bookstore>
  < book category= "COOKING">
  < title lang= "en"> Everyday Italian< /title>
  < author> Giada De Laurentiis< /author>
  < year> 2005< /year>
  < price> 30.00< /price>
< /book>
< book category= "CHILDREN">
  < title lang= "jp"> Harry Potter< /title>
  < author> J K.Rowling< /author>
  < year> 2005< /year>
  < price> 29.99< /price>
< /book>
< book category= "WEB">
  < title lang= "en"> XQuery Kick Start< /title>
  < author> James McGovern< /author>
  < year> 2003< /year>
  < price> 49.99< /price>
< /book>
< book category= "WEB">
  < title lang= "en"> Learning XML< /title>
  < author> Erik T.Ray< /author>
  < year> 2003< /year>
  < price> 39.95< /price>
< /book>
< /bookstore>
```

(1)打开 XMLSpy，新建文档，选择 XSLT 模板新建 XSLT 文档，如图 6.2 所示。

(2)将 6.2.1 中的 XSLT 实例文档的内容输入到 XMLSpy 中，如图 6.3 所示。

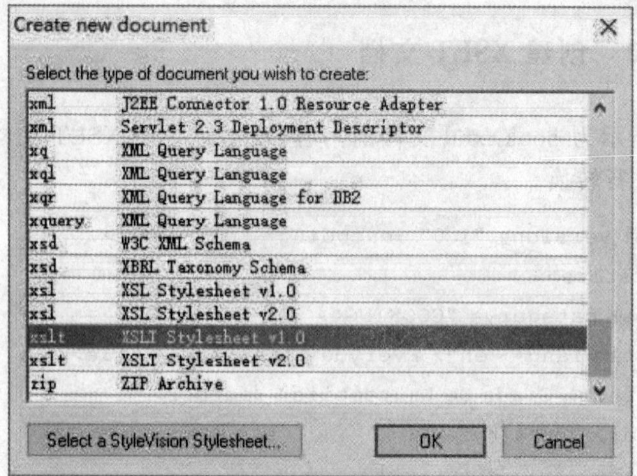

图 6.2　新建 XSLT 文档

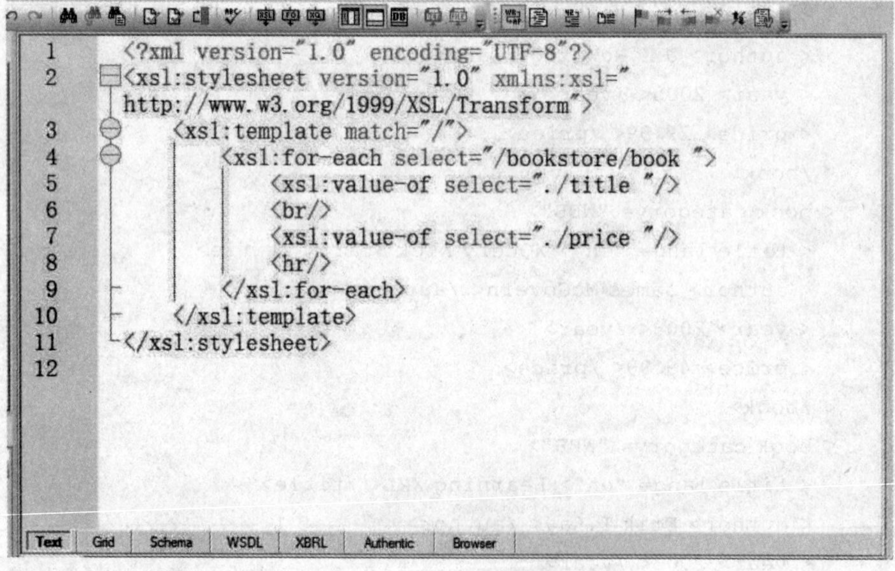

图 6.3　XSLT 文档实例

(3)点击工具栏中的按钮，对 books.xml 文档进行 XSLT 转换，在弹出的 XML 文档选择对话框中选择以上的 books.xml 文档，如图 6.4 所示。

(4)对 books.xml 文档进行 XSLT 转换后生成 HTML 文档，其显示结果如图 6.5 所示。

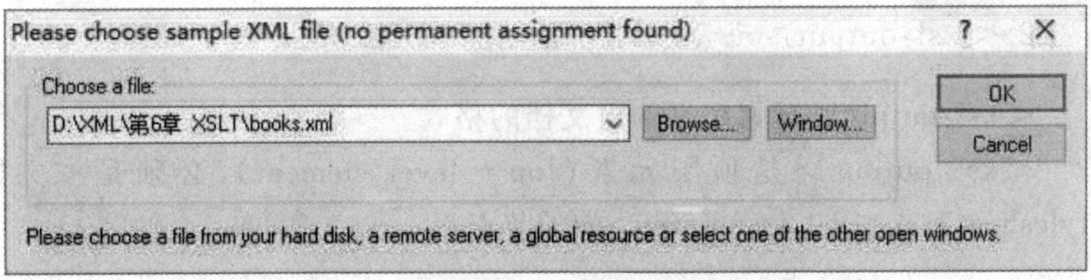

Please choose sample XML file (no permanent assignment found)

Choose a file:

D:\XML\第6章 XSLT\books.xml

Browse... Window... OK Cancel

Please choose a file from your hard disk, a remote server, a global resource or select one of the other open windows.

图 6.4 XSLT 转换

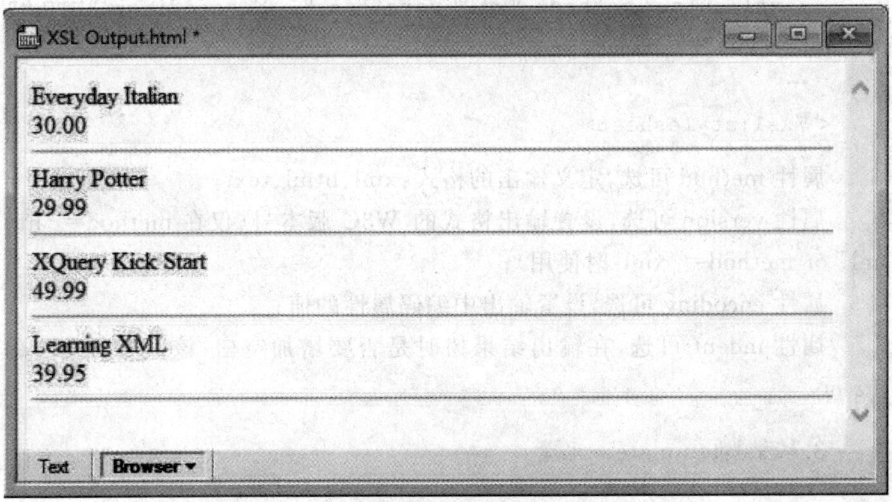

XSL Output.html *

Everyday Italian
30.00

Harry Potter
29.99

XQuery Kick Start
49.99

Learning XML
39.95

Text Browser

图 6.5 XSLT 转换结果

6.3 XSLT 基本元素

1. <xsl:stylesheet>

作为 XSLT 样式表的根元素<xsl:stylesheet>和<xsl:transform>意义相同，可以互换使用。但是在大多数 XSLT 样式表中使用<xsl:stylesheet>元素。在<xsl:stylesheet>元素中必须包含以下属性声明：

属性 version，用于规定样式表的 XSLT 版本（目前的版本主要有 1.0 和 2.0）。

XSLT 命名空间声明，命名空间的 URI 是 http://www.w3.org/1999/XSL/Transform。可以使用任意的命名空间前缀表示 XSLT 元素，在 XMLSpy 中默认使用 xsl 作为命名空间前缀。

2. <xsl:output>元素

<xsl:output>元素定义输出文档的格式。

<xsl:output>是顶层元素(top－level element),必须是<xsl:styleshcct>或<xsl:transform>的子节点。

```
<xsl:stylesheet version="1.0" xmlns:xsl="http://www.w3.org/1999/XSL/Transform">
  <xsl:output method="xml" version="1.0" encoding="UTF-8" indent="yes"/>
  …
</xsl:stylesheet>
```

属性 method 可选,定义输出的格式:xml、html、text;

属性 version 可选,设置输出格式的 W3C 版本号(仅在 method＝"html" or method＝"xml"时使用);

属性 encoding 可选,设置输出中编码属性的值;

属性 indent 可选,在输出结果树时是否要增加空白;该值必须为 yes 或 no。

3. <xsl:template>元素

<xsl:template>元素用于构建模板,其中包含了当匹配指定节点时要应用的规则,模板声明为

```
<xsl:template match="Pattern"  name="Qname">
  …
</xsl:template>
```

属性 name 为模板定义名称。

属性 match 为模板定义匹配模式。match 属性的值是 XPath 表达式,指定当前模板要匹配的节点。也可用来为整个文档定义模板,match＝"/"属性则把此模板与 XML 源文档的根相联系。如下所示的 XSLT 模板直接匹配 XML 文档节点,直接将其转换为显示 Hello World 的 HTML 文档。

```
<xsl:stylesheet version="2.0" xmlns:xsl="http://www.w3.org/1999/XSL/Transform">
  <xsl:output method="html" version="4.0" encoding="UTF-8" indent="yes"/>
  <xsl:template match="/">
```

```
    < html>
      < body>
        < h1> Hello World< /h1>
      < /body>
    < /html>
  < /xsl:template>
< /xsl:stylesheet>
```

在 XSLT 中,模板的调用分为两种方式。

1) 根据模板的匹配路径(在遍历的过程中)进行调用,具体有两种情况:

对于模板 xsl:template match="/",XSLT 处理器将在碰到 XML 文档的文档节点时自动调用该模板;就好像作为程序执行的入口,程序自动调用 main() 函数。

对于其他的模板,将在模板 xsl:template match="/" 中使用 xsl:apply-templates 根据其他模板的匹配路径进行隐式地或者显式地调用。

2) 根据模板名称属性(name)进行调用。

在 XSLT 转换过程中,一个模板可以使用 xsl:call-template name="template-name"显示调用另一个模板,根据模板名称进行调用的示例如下所示:

```
< xsl:stylesheet version= "1.0" xmlns:xsl= "http://www.w3.org/1999/XSL/Transform">
  < xsl:template match= "/" name= "one">
    < hr/>
    < xsl:call- template name= "another"/>
    < hr/>
  < /xsl:template>
  < xsl:template name= "another">
    Hello
  < /xsl:template>
< /xsl:stylesheet>
```

4. XSLT <xsl:value-of>元素

<xsl:value-of>元素可提取选定节点的值。即<xsl:value-of>元素可用于选取某个 XML 元素的值,并把它输出。其中:

select 属性(必选)的值是一个 XPath 表达式,规定了从哪个节点/属性来提取值。

对于文本节点和属性节点使用<xsl:value－of select＝"."/>，提取的是文本节点的内容和属性节点的取值。

对元素节点使用 <xsl:value－of select＝"."/>，那么将得到元素节点的 String－Value(该元素及其子元素的文本节点内容之和)。

以下示例代码中的 XSLT 模板将匹配所有的 book 元素，并选取 title 子元素的值，并把它输出为 html 文档，输出结果如图 6.6 所示。

```
< ? xml version= "1.0"  encoding= "ISO- 8859- 1"? >
< xsl:stylesheet version= "1.0" xmlns:xsl= "http://www.w3.org/1999/XSL/Transform">
  < xsl:output method= 'html' version= '4.0' encoding= 'UTF-8' indent= 'yes'/>
  < xsl:template match= "bookstore/book">
    < xsl:value- of select= "./title"/>
    < br/>
  < /xsl:template>
< /xsl:stylesheet>
```

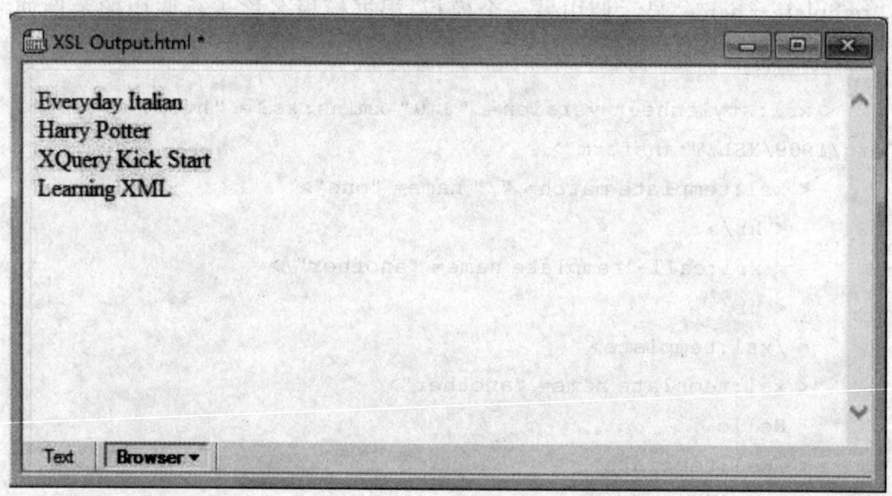

图 6.6 XSLT 转换结果

5.<xsl:for－each>元素

<xsl:for－each>元素可遍历指定的节点集中的每个节点。

xsl:for－each 的开始标记和结束标记之间，是循环处理的过程体，相当于 C# 中 foreach 循环。

select 属性的值是一个 XPath 表达式，用于选取指定的节点集。

xsl:for－each 循环体中的 XSLT 转换指令将应用于 select 属性所选定的节点，每次循环中每个选定的节点将成为新的上下文。

以下示例代码选取所有的 book 元素，循环每个 book 元素，并以 html 表格的方式输出 title 和 author 子元素的值，输出结果如图 6.7 所示。

```
<?xml version="1.0" encoding="ISO-8859-1"?>
<xsl:stylesheet version="1.0" xmlns:xsl="http://www.w3.org/1999/XSL/Transform">
  <xsl:output method='html' version='4.0' encoding='UTF-8' indent='yes'/>
  <xsl:template match="/">
    <h1>My bookstore</h1>
    <table border="1">
      <tr><th>Title</th><th>Author</th></tr>
      <xsl:for-each select="bookstore/book">
        <tr>
          <td><xsl:value-of select="title"/></td>
          <td><xsl:value-of select="author"/></td>
        </tr>
      </xsl:for-each>
    </table>
  </xsl:template>
</xsl:stylesheet>
```

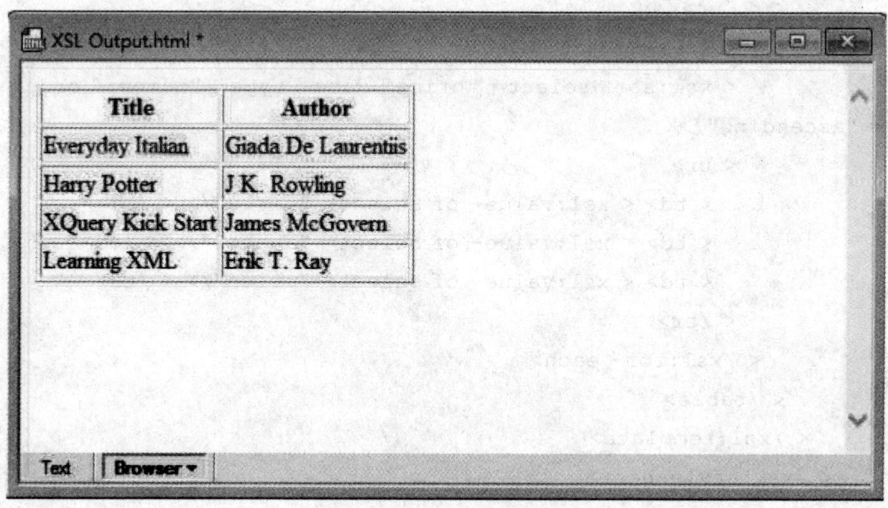

图 6.7　XSLT 转换结果

6. <xsl:sort>元素

<xsl:sort>元素用于对结果进行排序。如需对结果进行排序，只要简单地在 XSL 文件中的 <xsl:for-each>元素内部添加一个<xsl:sort>元素，其中

select 属性指示需要排序的 XML 元素。

data-type(可选)，规定被排序的数据的数据类型。默认是“text”。数据类型有 Text，number，qname。

order (可选)，规定排序顺序，取值"ascending"或"descending"。默认是 "ascending"。

以下示例代码选取所有的 book 元素，按价格升序排序并循环输出每个 book 元素的 title、author 和 price 子元素的值，输出结果如图 6.8 所示。

```
< ? xml version= "1.0"  encoding= "ISO- 8859- 1"? >
< xsl:stylesheet version= "1.0" xmlns:xsl= "http://www.w3.org/1999/XSL/Transform">
  < xsl:output method= 'html' version= '4.0' encoding= 'UTF-8' indent= 'yes'/>
  < xsl:template match= "/">
    < table border= "1">
      < tr>
        < th> Title< /th>   < th> Author< /th> < th> Price< /th>
      < /tr>
      < xsl:for- each select= "bookstore/book">
        < xsl:sort select= "price" data- type= "number" order= "ascending"/>
        < tr>
          < td> < xsl:value- of select= "title"/> < /td>
          < td> < xsl:value- of select= "author"/> < /td>
          < td> < xsl:value- of select= "price"/> < /td>
        < /tr>
      < /xsl:for- each>
    < /table>
  < /xsl:template>
< /xsl:stylesheet>
```

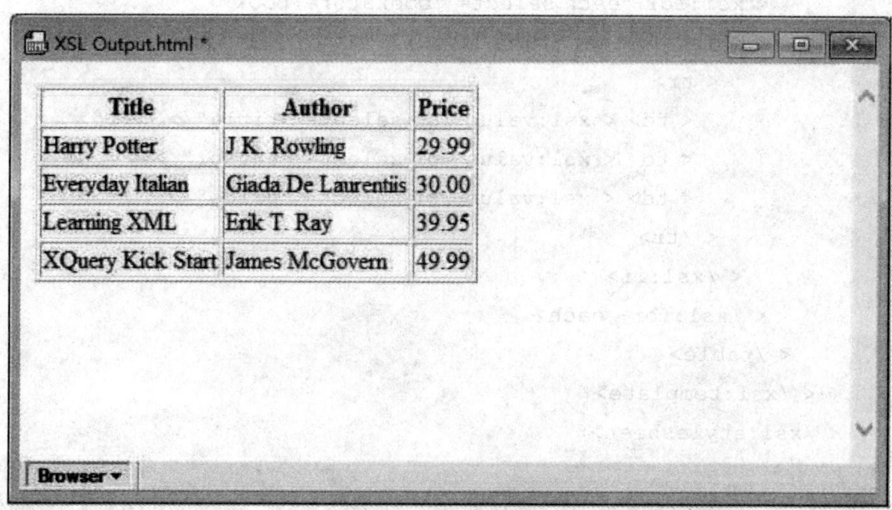
Title	Author	Price
Harry Potter	J K. Rowling	29.99
Everyday Italian	Giada De Laurentiis	30.00
Learning XML	Erik T. Ray	39.95
XQuery Kick Start	James McGovern	49.99

图 6.8 XSLT 转换结果

7. <xsl:if>元素

<xsl:if>元素用于放置针对 XML 文件内容的条件测试。<xsl:if>语法为

```
< xsl:if test= "expression">
  ...
  ...如果条件成立则输出...
  ...
< /xsl:if>
```

test 属性(必选)的值包含了需要求值的表达式，用于设置条件测试。

以下示例代码选取所有的 book 元素，循环每个 book 元素，只输出价格高于 35 的 book 元素的 title，author 和 price 子元素的值，输出结果如图 6.9 所示。

```
< ? xml version= "1.0"  encoding= "ISO- 8859- 1"? >
< xsl:stylesheet version= "1.0" xmlns:xsl= "http://www.w3.org/1999/XSL/Transform">
  < xsl:output method= 'html' version= '4.0' encoding= 'UTF-8' indent= 'yes'/>
  < xsl:template match= "/">
    < table border= "1">
      < tr> < th> Title< /th> < th> Author< /th> < th> Price< /th> < /tr>
```

```
      < xsl:for- each select= "bookstore/book">
        < xsl:if test= "price&gt;35">
          < tr>
            < td> < xsl:value- of select= "title"/> < /td>
            < td> < xsl:value- of select= "author"/> < /td>
            < td> < xsl:value- of select= "price"/> < /td>
          < /tr>
        < /xsl:if>
      < /xsl:for- each>
    < /table>
  < /xsl:template>
< /xsl:stylesheet>
```

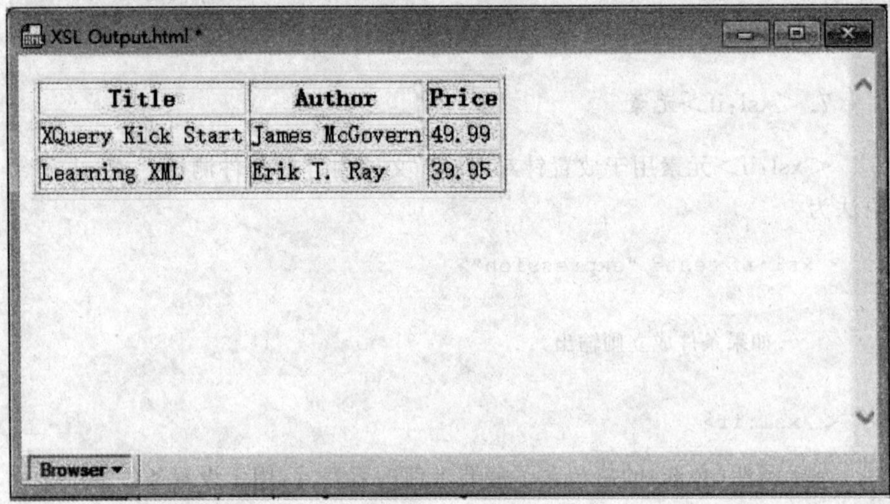

Title	Author	Price
XQuery Kick Start	James McGovern	49.99
Learning XML	Erik T. Ray	39.95

图 6.9　XSLT 转换结果

8. <xsl:choose>元素

<xsl:choose>元素结合 <xsl:when>和<xsl:otherwise>来表达多重条件测试。其语法为

```
< xsl:choose>
  < xsl:when test= "expression">
    ...输出...
  < /xsl:when>
  < xsl:otherwise>
    ...输出...
```

```
< /xsl:otherwise>
< /xsl:choose>
```

以下示例代码选取所有的 book 元素，将价格高于 40 的元素添加红色的背景，将价格高于 30 的元素添加黄色的背景，转换后的输出结果如图 6.10 所示。

```
< ? xml version= "1.0"  encoding= "ISO- 8859- 1"? >
< xsl:stylesheet version= "1.0" xmlns:xsl= "http://www.w3.org/1999/XSL/Transform">
< xsl:output method= 'html' version= '4.0' encoding= 'UTF-8' indent= 'yes'/>
< xsl:template match= "/">
  < table border= "1">
    < tr> < th> Title< /th> < th> Author< /th> < th> Price < /th> < /tr>
    < xsl:for- each select= "bookstore/book">
      < tr>
        < td> < xsl:value- of select= "title"/> < /td>
        < td> < xsl:value- of select= "author"/> < /td>
        < xsl:choose>
          < xsl:when test= "price&gt;= 40">
            < td bgcolor= "red"> < xsl:value- of select= "price"/> < /td>
          < /xsl:when>
          < xsl:when test= "price&gt;= 30">
            < td bgcolor= "yellow"> < xsl:value- of select= "price"/> < /td>
          < /xsl:when>
          < xsl:otherwise>
            < td> < xsl:value- of select= "price"/> < /td>
          < /xsl:otherwise>
        < /xsl:choose>
      < /tr>
    < /xsl:for- each>
  < /table>
< /xsl:template>
< /xsl:stylesheet>
```

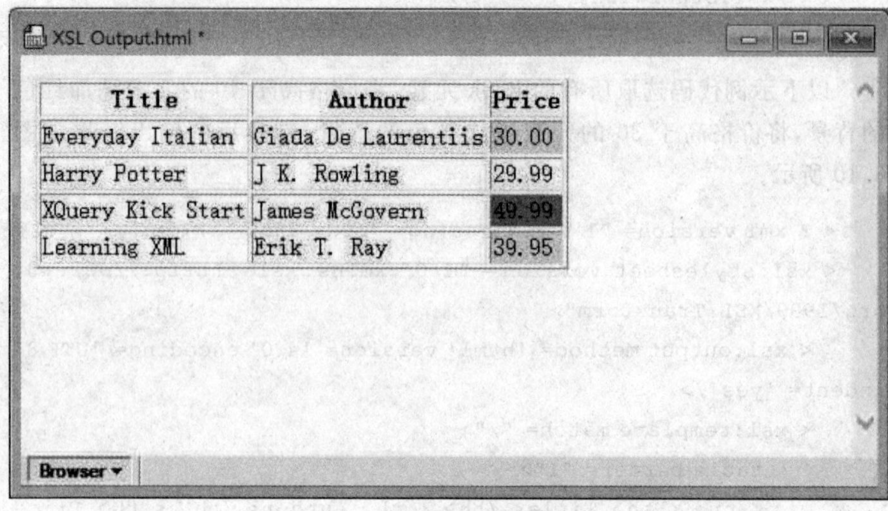

Title	Author	Price
Everyday Italian	Giada De Laurentiis	30.00
Harry Potter	J K. Rowling	29.99
XQuery Kick Start	James McGovern	49.99
Learning XML	Erik T. Ray	39.95

图 6.10 XSLT 转换结果

9. <xsl:element>元素

<xsl:element>元素用于在输出文档中创建元素节点。

name 属性必需。规定要创建的元素的名称(可以使用表达式为 name 属性赋值,这个表达式是在运行时进行计算的,例如,<xsl:element name="{$country}"/>。

如下所示的 XSLT 文档,选出 books.xml 文档中所有的第一作者,并生成以 authors 为根元素的另一份 XML 文档。

```
< ? xml version= "1.0"  encoding= "UTF-8"? >
< xsl:stylesheet version= "1.0" xmlns:xsl= "http://www.w3.org/1999/XSL/Transform">
  < xsl:output method= "xml" version= "1.0" encoding= "UTF-8" indent= "yes"/>
  < xsl:template match= "/">
    < xsl:element name= "authors">
      < xsl:for- each select= "bookstore/book">
        < xsl:element name= "author">
          < xsl:value- of select= "author"/>
        < /xsl:element>
      < /xsl:for- each>
    < /xsl:element>
  < /xsl:template>
```

```
< /xsl:stylesheet>
```

10. <xsl:attribute>元素

<xsl:attribute>元素用于向元素添加属性。<xsl:attribute>元素会替换名称相同的已有属性。

Name 属性必需。规定要添加的属性的名称。

以下示例代码选取所有的 book 元素，重新构造 XML 文档，将 lang 属性添加到 book 元素中，转换后的输出结果如图 6.11 所示。

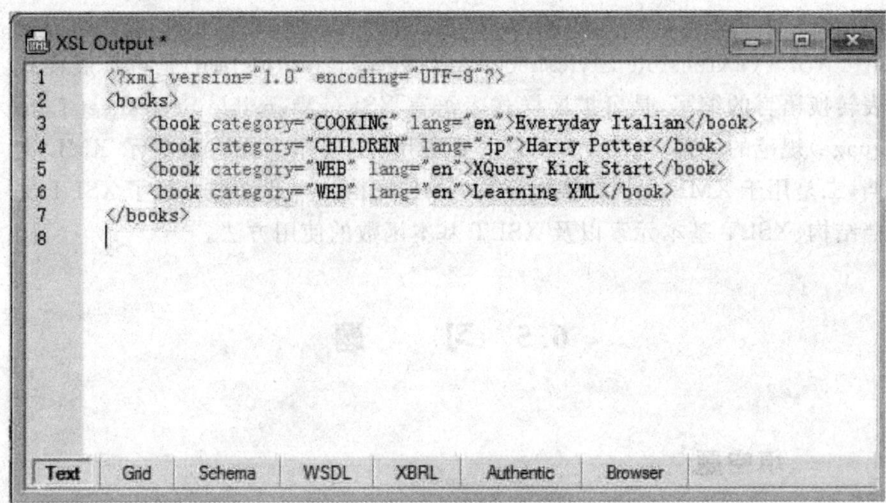

```
<?xml version="1.0" encoding="UTF-8"?>
<books>
    <book category="COOKING" lang="en">Everyday Italian</book>
    <book category="CHILDREN" lang="jp">Harry Potter</book>
    <book category="WEB" lang="en">XQuery Kick Start</book>
    <book category="WEB" lang="en">Learning XML</book>
</books>
```


图 6.11 XSLT 转换结果

```
< ? xml version= "1.0"  encoding= "ISO- 8859- 1"? >
< xsl:stylesheet version= "1.0" xmlns:xsl= "http://www.w3.org/1999/XSL/Transform">
  < xsl:output method= "xml" version= "1.0" encoding= "UTF-8" indent= "yes"/>
  < xsl:template match= "/">
   < xsl:element name= "books">
    < xsl:for- each select= "bookstore/book">
     < xsl:element name= "book">
      < xsl:attribute name= "category">
       < xsl:value- of select= "@ category"/> < /xsl:attribute>
      < xsl:attribute name= "lang">
       < xsl:value- of select= "title/@ lang"/> < /xsl:attribute>
```

```
        < xsl:value- of select= "title"/>
      < /xsl:element>
    < /xsl:for- each>
  < /xsl:element>
 < /xsl:template>
< /xsl:stylesheet>
```

6.4 本章小结

XSLT(eXtensible Stylesheet Language Tranformation)是可扩展样式表转换语言的缩写,是可扩展样式表语言 XSL(eXtensible Stylesheet Language)规范的一部分。XSLT 的主要应用:一是作为样式表显示 XML 文档,二是用于 XML 文档转换以重构 XML 文档。本章详细介绍了 XSLT 文档结构、XSLT 基本元素以及 XSLT 基本函数的使用方法。

6.5 习　题

一、填空题

1. XSLT(eXtensible Stylesheet Language Tranformation)是________________的缩写,这是一种对 XML 文档进行转换的语言。

2. XSLT 是可扩展样式表语言 XSL(eXtensible Stylesheet Language)规范的一部分,其中的 T 代表____________。

3. XSLT 本身是____________文档。

4. 每个完整的 XSLT 文档都有一个___________元素或___________元素作为文档根元素。

5. XSLT 转换规则由一个或多个被称为___________元素组成。

二、选择题

1. XSLT 中以下哪个元素可以用来访问所有符合条件的子节点(　　)。

A. xsl:if　　　　B. xsl:for－each

C. xsl:choose　　　　D. xsl:otherwise

2. 一个学生成绩表的数据(含有各门课程的成绩),分别按成绩小于 60

分输出不及格、成绩在 60 到 80 分之间输出合格、成绩在 80 分以上的输出优秀。下列哪个 XSL 语句能够很好地完成此需求？（　　）

A. <xsl:value－of>语句

B. <xsl:if>与<xsl:value－of>结合

C. <xs:choose>、<xsl:when>、<xsl:otherwise>与<xsl:value－of>语句结合

D. <xsl:for－each>与<xsl:value－of>语句结合

3. 可扩展样式表语言(XSL)用来定义 XML 文档的显示语义，XSL 包括三个部分，除了（　　）。

A. XSLT　　B. XPath　　C. XSL－FO　　D. CSS

4. 以下 XSLT 元素中哪一个是定义模板规则？（　　）

A. <xsl:value－of>　　B. <xsl:template>

C. <xsl:apply－templates>　　D. <xsl:choose>

5. <xsl:sort>元素用于对结果进行排序，它总是位于<xsl:apply－templates>或（　　）元素内部。

A. <xsl:value－of>　　B. <xsl:template>

C. <xsl:apply－templates>　　D. <xsl:for－each>

三、上机题

1. 上机编写 XSLT 样式表文件，将以下 XML 文档转换为 HTML 文档，并以表格的方式显示所有的 book 元素。

```
< ? xml version= "1.0"  encoding= "UTF-8"? >
< bookstore>
 < book>
   < title lang= "en"> Harry Potter< /title>
   < author> J K.Rowling< /author>
   < year> 2005< /year>
   < price> 29.99< /price>
 < /book>
 < book>
   < title lang= "cn"> Learning XML< /title>
   < author> Zhang San< /author>
   < year> 2008< /year>
   < price> 39.95< /price>
 < /book>
```

```
< /bookstore>
```

2.上机编写 XSLT 样式表文件,将以下 XML 文档转换为指定格式 XML 文档。

```
< ? xml version= "1.0" encoding= "UTF- 8"? >
< Persons>
  < Person>
    < FirstName> Jill< /FirstName>
    < LastName> Harper< /LastName>
  < /Person>
  < Person>
    < FirstName> Claire< /FirstName>
    < LastName> Vogue< /LastName>
  < /Person>
  < Person>
    < FirstName> Paul< /FirstName>
    < LastName> Cathedral< /LastName>
  < /Person>
< /Persons>
```

要求:将 FirstName 和 LastName 作为 Person 的属性,转换之后的文档格式如下所示。

```
< ? xml version= "1.0" encoding= "UTF- 8"? >
< Persons>
  < Person FirstName= "Jill"  LastName= "Harper"/>
  < Person FirstName= "Claire"  LastName= "Vogue"/>
  < Person FirstName= "Paul"  LastName= "Cathedral"/>
< /Persons>
```

第7章　XML DOM

7.1　DOM 简介

7.1.1　什么是 DOM

DOM(Document Object Model),即文档对象模型,是 W3C 组织推荐的处理 HTML 和 XML 文档的标准编程接口(API)。1998 年 10 月,W3C 发布了 DOM Level 1 规范。2000 年 11 月,发布了 DOM Level 2 规范,2004 年 4 月,发布了 DOM Level 3 规范。DOM 是中立于平台和语言的接口,它允许程序和脚本动态地访问和更新文档的内容和结构。DOM 实际上是以面向对象方式描述的文档模型,定义了表示和修改文档所需的对象、这些对象的行为和属性以及这些对象之间的关系。

7.1.2　HTML DOM

HTML DOM 即 HTML 的标准对象模型,是 HTML 的标准编程接口。HTML DOM 定义了所有 HTML 元素的对象和属性,以及访问它们的方法(接口)。换言之,HTML DOM 是关于如何获取、修改、添加或删除 HTML 元素的标准。

7.1.3　XML DOM

XML DOM 即 XML 的标准对象模型,是 XML 的标准编程接口,是中立于平台和语言的 W3C 标准。XML DOM 定义了所有 XML 元素的对象和属性,以及访问它们的方法(接口)。换句话说:XML DOM 是用于获取、更改、添加或删除 XML 元素的标准。

7.1.4 DOM 的优点和缺点

DOM 的优势主要表现在：易用性强，使用 DOM 时，将把所有的 XML 文档信息都存于内存中，并且遍历简单，支持 XPath，增强了易用性。

DOM 的缺点主要表现在效率低、解析速度慢、内存占用量过高，对于大文件来说几乎不可能使用。另外效率低还表现在大量的消耗时间，因为使用 DOM 进行解析时，将为文档的每个 element，attribute，processing-instruction 和 comment 都创建一个对象，这样在 DOM 机制中所运用的大量对象的创建和销毁无疑会影响其效率。

7.2 XML 文档解析

7.2.1 XML 解析器

XML 文档作为数据交换工具涉及使用应用程序来读写 XML 文档。XML 本身是结构化的文档，采用传统的 I/O 进行读写，不仅效率太低，而且编程复杂。XML 解析器的主要功能就是检查 XML 文档是否有结构上的语法错误，剥离 XML 文档中的标记，读出正确的内容，以交给下一步应用程序处理。为了能更好地处理 XML 文档解析问题，W3C 提供了 DOM 模型的推荐标准，从而可以动态地读取或修改 XML 文档的内容。

1. DOM 解析器

XML DOM 是用与平台和语言无关的方式表示 XML 文档的官方 W3C 标准。为了能够访问 XML DOM 对象，我们需要一个 DOM 解析器。这个解析器读入 XML 文档，并剖析确定该文档的正确性，然后把文档内容在内存中表示成一个逻辑树结构。这个树型结构由节点组成，每节点都是一个 XML DOM 对象，可以通过 JavaScript 或其他程序访问 XML DOM 对象的属性和方法。

2. SAX 解析

SAX，全称 Simple API for XML，既是一种接口，也是一种软件包。它是一种 XML 解析的替代方法，虽然它不是 W3C 推荐的标准，但却是整个

XML 行业的事实规范。目前最新版本是 SAX 2.0。

SAX 不同于 DOM 解析，它逐行扫描文档，一边扫描一边解析。由于应用程序只是在读取数据时检查数据，因此不需要将数据存储在内存中，这对于大型文档的解析是个巨大优势。

SAX 是一个用于处理 XML 事件驱动的“推”模型。SAX 解析器不像 DOM 那样建立一个完整的文档树，而是在读取文档时激活一系列事件，这些事件被推送给事件处理器，然后由事件处理器提供对文档内容的访问。

7.2.2 DOM 解析器

1. DOM 解析树

DOM 解析器将此 XML 文档读入内存，生成一棵节点树，最常见的节点类型如下。

文档节点：文档节点是整个文档中所有其他节点的父节点。

元素节点：元素节点是 XML 的基本构件，元素节点可以有其他元素、文本节点或两者的兼有来作为其子节点。

属性节点：属性节点包含关于元素节点的补充信息，它不是元素节点的子节点。

文本节点：文本节点是文本，它可以包含许多信息，也可以是一个空白节点。

例如，对以下 XML 文档内容进行 DOM 解析，解析后生成的节点树如图 7.1 所示。

```
<?xml version="1.0" encoding="UTF-8"?>
<bookstore>
  <book category="中国文学">
    <title>红楼梦</title>
    <author>曹雪芹</author>
  </book>
  <book category="中国文学">
    <title>三国演义</title>
    <author>罗贯中</author>
  </book>
</bookstore>
```

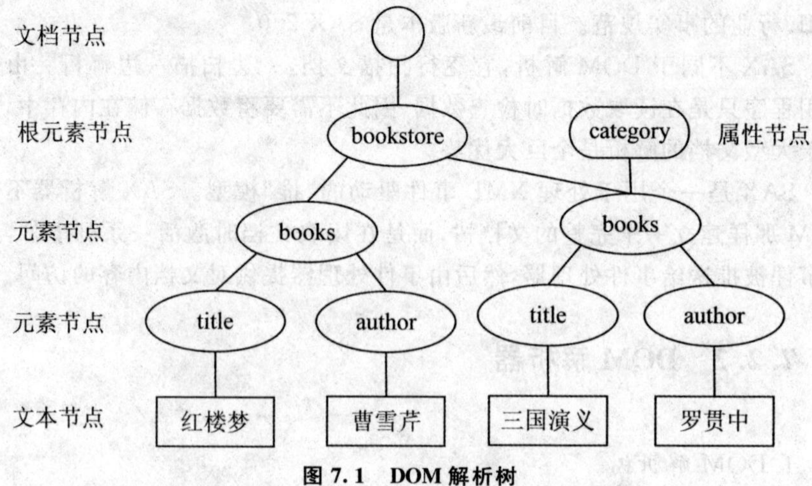

图 7.1　DOM 解析树

2. DOM 解析器

所有现代浏览器都内建了用于读取和操作 XML 的 XML 解析器。解析器把 XML 读入内存，并把它转换为可被 JavaScript 访问的 XML DOM 对象。微软的 XML 解析器与其他浏览器中的解析器是有差异的。微软的解析器支持对 XML 文件和 XML 字符串（文本）的加载，而其他浏览器使用单独的解析器。不过，所有的解析器都含有遍历 XML 树、访问、插入及删除节点的函数。

1）微软的 XML 解析器加载 XML 文档

```
xmlDoc= new ActiveXObject("Microsoft.XMLDOM");
xmlDoc.async= "false";
xmlDoc.load("books.xml");
```

第一行创建一个空的微软 XML 文档对象。

第二行关闭异步加载，这样可确保在文档完成加载之前，解析器不会继续执行脚本。

第三行告知解析器加载名为 "books. xml" 的文档。

2）Firefox 及其他浏览器中的 XML 解析器

```
var xmlDoc= document.implementation.createDocument("","",null);
xmlDoc.async= "false";
xmlDoc.load("note.xml");
```

第一行创建一个空的 XML 文档对象。

第二行关闭异步加载，这样确保在文档完成加载之前解析器不会继续脚本的执行。

第三行告知解析器加载名为"note.xml"的 XML 文档。

3)通用 XML 加载函数

为了避免因加载文档而重复编写代码,可以把代码存储在一个单独的 JavaScript 文件 loadxmldoc.js 中。

```
function loadXMLDoc(dname)
{
  var xmlDoc;
  try//Internet Explorer
    {
      xmlDoc= new ActiveXObject("Microsoft.XMLDOM");
    }
  catch(e)
    {
      try//Firefox,Mozilla,Opera,etc.
        {
        xmlDoc= document.implementation.createDocument("","",
null);
        }
      catch(e) {alert(e.message)}
    }
  try
    {
      xmlDoc.async= false;
      xmlDoc.load(dname);
      return(xmlDoc);
    }
  catch(e) {alert(e.message)}
  return(null);
}
```

7.3 DOM 节点对象

1. Document 对象

Document 对象是一棵文档树的根,为我们提供了对文档数据的最初

(或最顶层)的访问入口。Document 对象提供了访问元素节点、文本节点、注释、处理指令等节点对象的方法。其常用属性及常用方法如表 7-1、表 7-2 所示。

表 7-1 Document 对象的常用属性

属性	描述	IE	F	O	W3C
async	规定 XML 文件的下载是否应当被同步处理	5	1.5	9	No
documentElement	返回文档的根节点	5	1	9	Yes
nodeName	依据节点的类型返回其名称	5	1	9	Yes
nodeType	返回节点的节点类型	5	1	9	Yes
nodeValue	根据节点的类型来设置或返回节点的值	5	1	9	Yes
text	返回节点及其后代的文本(仅用于 IE)	5	No	No	No
xml	返回节点及其后代的 XML(仅用于 IE)	5	No	No	No

表 7-2 Document 对象的常用方法

方法	描述	IE	F	O	W3C
createAttribute(name)	创建拥有指定名称的属性节点,并返回新的 Attr 对象	6	1	9	Yes
createComment()	创建注释节点	6	1	9	Yes
createElement()	创建元素节点	5	1	9	Yes
evaluate()	计算一个 XPath 表达式	No	1	9	Yes
createTextNode()	创建文本节点	5	1	9	Yes
getElementById()	查找具有指定的唯一 ID 的元素	5	1	9	Yes
getElementsByTagName()	返回所有具有指定名称的元素节点	5	1	9	Yes
loadXML()	通过解析 XML 标签字符串来组成文档				
renameNode()	重命名元素或者属性节点			No	Yes

2. Node 对象

Node 对象代表文档树中的一个节点。Node 对象是整个 DOM 的主要数据类型。节点可以是元素节点、属性节点、文本节点等任何一种节点。

请注意,虽然所有的对象均能继承用于处理父节点和子节点的属性和方法,但是并不是所有的对象都拥有父节点或子节点。例如,文本节点不能拥有子节点,所以向类似的节点添加子节点就会导致 DOM 错误。表 7-3 和表 7-4 分别描述了 Node 对象的常用属性和方法(IE:Internet Explorer,F:Firefox,O:Opera,W3C:万维网联盟)。

表 7-3 Node 对象的常用属性

属性	描述	IE	F	O	W3C
childNodes	返回节点到子节点的节点列表	5	1	9	Yes
firstChild	返回节点的首个子节点	5	1	9	Yes
lastChild	返回节点的最后一个子节点	5	1	9	Yes
localName	返回节点的本地名称	No	1	9	Yes
namespaceURI	返回节点的命名空间 URI	No	1	9	Yes
nextSibling	返回节点之后紧跟的同级节点	5	1	9	Yes
nodeName	返回节点的名称,根据其类型	5	1	9	Yes
nodeType	返回节点的类型	5	1	9	Yes
nodeValue	设置或返回节点的值,根据其类型	5	1	9	Yes
ownerDocument	返回节点的根元素(document 对象)	5	1	9	Yes
parentNode	返回节点的父节点	5	1	9	Yes
prefix	设置或返回节点的命名空间前缀	No	1	9	Yes
previousSibling	返回节点之前紧跟的同级节点	5	1	9	Yes
textContent	设置或返回节点及其后代的文本内容	No	1	No	Yes
text	返回节点及其后代的文本(IE 独有的属性)	5	No	No	No
xml	返回节点及其后代的 XML(IE 独有的属性)	5	No	No	No

表 7-4 Node 对象的常用方法

方法	描述	IE	F	O	W3C
appendChild()	向节点的子节点列表的结尾添加新的子节点	5	1	9	Yes
cloneNode()	复制节点	5	1	9	Yes
hasAttributes()	判断当前节点是否拥有属性	No	1	9	Yes
hasChildNodes()	判断当前节点是否拥有子节点	5	1	9	Yes
insertBefore()	在指定的子节点前插入新的子节点	5	1	9	Yes
removeChild()	删除(并返回)当前节点的指定子节点	5	1	9	Yes
replaceChild()	用新节点替换一个子节点	5	1	9	Yes
selectNodes()	用一个 XPath 表达式查询选择节点	6			
selectSingleNode()	查找和 XPath 查询匹配的一个节点	6			
transformNode()	使用 XSLT 把一个节点转换为一个字符串	6			

3. NodeList 对象

NodeList 对象表示节点的列表。通常,这些节点集合可能从某类型的查询操作返回,如 Document 对象的 getElementsByTagName 方法返回。我们可通过节点列表中的节点索引号来访问列表中的节点(索引号由 0 开始)。节点列表可保持其自身的更新,如果节点列表或 XML 文档中的某个元素被删除或添加,列表也会被自动更新。其常用属性及常用方法如表 7-5、表 7-6 所示。

表 7-5 NodeList 对象的常用属性

属性	描述	IE	F	O	W3C
length	可返回节点列表中的节点数目	5	1	9	Yes

表 7-6 NodeList 对象的常用方法

方法	描述	IE	F	O	W3C
item()	可返回节点列表中处于指定的索引号的节点	5	1	9	Yes

4. Element 对象

Element 对象表示 XML 文档中的元素。元素可包含属性、其他元素或文本。如果元素含有文本,则在文本节点中表示该文本。由于元素对象也是一种节点,因此,它可继承 Node 对象的属性和方法。文本永远存储在文本节点中,即使最简单的元素节点之下也拥有文本节点。例如,在<year>2005</year>中,有一个元素节点(year),同时此节点之下存在一个文本节点,其中含有文本(2005)。其常用属性及常用方法如表 7-7、表 7-8 所示。

表 7-7 Element 对象的常用属性

属性	描述	IE	F	O	W3C
attributes	返回元素的属性的 NamedNodeMap	5	1	9	Yes
baseURI	返回元素的绝对基准 URI	No	1	No	Yes
childNodes	返回元素的子节点的 NodeList	5	1	9	Yes
firstChild	返回元素的首个子节点	5	1	9	Yes
lastChild	返回元素的最后一个子节点	5	1	9	Yes
localName	返回元素名称的本地部分	No	1	9	Yes
namespaceURI	返回元素的命名空间 URI	No	1	9	Yes
nextSibling	返回元素之后紧跟的节点	5	1	9	Yes
nodeName	返回节点的名称,依据其类型	5	1	9	Yes
nodeType	返回节点的类型	5	1	9	Yes
ownerDocument	返回元素所属的根元素(document 对象)	5	1	9	Yes
parentNode	返回元素的父节点	5	1	9	Yes
prefix	设置或返回元素的命名空间前缀	No	1	9	Yes
previousSibling	返回元素之前紧随的节点	5	1	9	Yes
tagName	返回元素的名称	5	1	9	Yes
textContent	设置或返回元素及其后代的文本内容	No	1	No	Yes
text	返回节点及其后代的文本(IE-only)	5	No	No	No
xml	返回节点及其后代的 XML(IE-only)	5	No	No	No

表 7-8　Element 对象的常用方法

方法	描述	IE	F	O	W3C
appendChild()	向节点的子节点列表末尾添加新的子节点	5	1	9	Yes
cloneNode()	克隆节点	5	1	9	Yes
getAttribute()	返回属性的值	5	1	9	Yes
getAttributeNode()	以 Attribute 对象返回属性节点	5	1	9	Yes
getElementsByTagName()	找到具有指定标签名的子孙元素	5	1	9	Yes
hasAttribute()	返回元素是否拥有指定的属性	5	1	9	Yes
hasAttributes()	返回元素是否拥有属性	5	1	9	Yes
hasChildNodes()	返回元素是否拥有子节点	5	1	9	Yes
insertBefore()	在已有的子节点之前插入一个新的子节点	5	1	9	Yes
isEqualNode()	检查两节点是否相等	No	No	No	Yes
isSameNode()	检查两节点是否为同一节点	No	1	No	Yes
removeAttribute()	删除指定的属性	5	1	9	Yes
removeAttributeNode()	删除指定的属性节点	5	1	9	Yes
removeChild()	删除子节点	5	1	9	Yes
replaceChild()	替换子节点	5	1	9	Yes
setAttribute()	添加新属性	5	1	9	Yes
setAttributeNode()	添加新的属性节点	5	1	9	Yes

5. Attr 对象

Attr 对象表示 Element 对象的属性。由于 Attr 对象也是一种节点，因此它继承 Node 对象的属性和方法。不过属性无法拥有父节点，同时属性也不被认为是元素的子节点，对于许多 Node 对象的属性来说都将返回 null。其常用属性如表 7-9 所示。

表 7-9　Attr 对象的常用属性

属性	描述	IE	F	O	W3C
isId	如果属性是 id 类型，则返回 true，否则返回 false	No	No	No	Yes

续表

属性	描述	IE	F	O	W3C
localName	返回属性名称的本地部分	No	1	9	Yes
name	返回属性的名称	5	1	9	Yes
namespaceURI	返回属性的命名空间 URI	No	1	9	Yes
nodeName	返回节点的名称,依据其类型	5	1	9	Yes
nodeType	返回节点的类型	5	1	9	Yes
nodeValue	设置或返回节点的值,依据其类型	5	1	9	Yes
ownerDocument	返回属性所属的根元素(document 对象)	5	1	9	Yes
ownerElement	返回属性所附属的元素节点	No	1	9	Yes
textContent	设置或返回属性的文本内容	No	1	9	Yes
text	返回属性的文本,IE－only	5	No	No	No
value	设置或返回属性的值	5	1	9	Yes
xml	返回属性的 XML,IE－only	5	No	No	No

6. Text 对象

Text 对象表示元素或属性的文本内容。Text 节点表示 HTML 或 XML 文档中的一系列纯文本。因为纯文本出现在 HTML 和 XML 的元素和属性中,所以 Text 节点通常作为 Element 节点和 Attr 节点的子节点出现。其常用属性及常用方法如表 7-10、表 7-11 所示。

表 7-10 Test 对象的常用属性

属性	描述	IE	F	O	W3C
data	设置或返回元素或属性的文本	6	1	9	Yes
isElementContentWhitespace	判断文本节点是否包含空白字符内容	No	No	No	Yes
length	返回元素或属性的文本长度	6	1	9	Yes
wholeText	以文档中的顺序向此节点返回相邻文本节点的所有文本	No	No	No	Yes

表 7-11　Text 对象的常用方法

方法	描述	IE	F	O	W3C
appendData()	向节点追加数据	6	1	9	Yes
deleteData()	从节点删除数据	6	1	9	Yes
insertData()	向节点中插入数据	6	1	9	Yes
replaceData()	替换节点中的数据	6	1	9	Yes
replaceWholeText()	使用指定文本来替换此节点以及所有相邻的文本节点	No	No	No	Yes
splitText()	把一个 Text 节点分割成两个	6	1	9	Yes
substringData()	从节点提取数据	6	1	9	Yes

7.4　DOM 节点操作

7.4.1　访问 DOM 节点

1. getElementsByTagName() *方法*

getElementsByTagName() 返回拥有指定标签名的所有元素。下面的例子返回 x 元素下的所有 <title>元素。

```
x.getElementsByTagName("title");
```

例如,返回 XML 文档中的第 1 个 <book>元素。

```
< script src= "loadxmldoc.js"> < /script>
< script>
  xmlDoc= loadXMLDoc("books.xml");
  x= xmlDoc.documentElement.getElementsByTagName("book")[0];
  alert(x.xml);  //仅 IE 浏览器支持
< /script
```

在本章示例中使用的 books. xml 文档结构如下：

```
< bookstore>
  < book category= "中国文学">
    < title> 红楼梦< /title>
    < author> 曹雪芹< /author>
    < price> 50< /price>
  < /book>
  < book category= "中国文学">
    < title> 三国演义< /title>
    < author> 罗贯中< /author>
    < price> 60< /price>
  < /book>
< /bookstore>
```

2. selectSingleNode()方法

selectSingleNode(patternString) 方法返回第一个符合样式的节点。patternString 为一包含 XPath 字符串。此方法会传回第一个符合的节点对象，如果没有符合的节点，则传回 null。

例如，查询 title 为“红楼梦”的 book 元素。

```
< script src= "loadxmldoc.js"> < /script>
< script type= "text/javascript">
  xmlDoc= loadXMLDoc("books.xml");
  patternString= "//book[title= '红楼梦']";
  x= xmlDoc.selectSingleNode(patternString);
  alert(x.xml);//仅 IE 浏览器支持
< /script>
```

3. selectNodes()方法

selectNodes(patternString) 方法返回所有符合提供样式(pattern)的节点。patternString 为一包含 XPath 字符串。此方法会返回符合样式的节点列表。如果没有符合的节点，则传回空的清单列表。

例如，查询所有 price 大于 30 的 book 节点。

```
< script src= "loadxmldoc.js"> < /script>
< script>
  xmlDoc= loadXMLDoc("books.xml");
  patternString= "//book[price> 30]";
```

```
    x= xmlDoc.selectNodes(patternString);
    for (i= 0;i< x.length;i+ + )
    {
      alert(x[i].xml);//仅 IE 浏览器支持
    }
< /script>
```

7.4.2 获取 DOM 节点信息

1. 获取元素节点的名称

例如，使用 nodeName 属性来获取 "books. xml" 中根元素的节点名称。

```
< script src= "loadxmldoc.js"> < /script>
< script>
  xmlDoc= loadXMLDoc("books.xml");
  name= xmlDoc.documentElement.nodeName;
  alert(name);
< /script>
```

2. 获取节点的类型

例如，使用 nodeType 属性来获取 "books. xml" 中根元素节点的类型。

```
< script src= "loadxmldoc.js"> < /script>
< script>
  xmlDoc= loadXMLDoc("books.xml");
  type= xmlDoc.documentElement.nodeType;
  alert(type);
< /script>
```

3. 获取文本节点的文本

元素节点没有文本值。元素节点的文本存储在称为文本节点的子节点中。获取元素文本的方法，就是获取这个文本节点的值。

例如，使用 nodeValue 属性来获取 "books. xml" 中第一个 <title>元素的文本。

```
< script src= "loadxmldoc.js"> < /script>
< script>
  xmlDoc= loadXMLDoc("books.xml");
  x= xmlDoc.getElementsByTagName("title")[0].childNodes[0];
  txt= x.nodeValue;
  alert(txt);
< /script>
```

4. 获取元素节点的属性

在 DOM 中,属性也是节点。与元素节点不同,属性节点拥有文本值。获取属性的值的方法,就是获取它的文本值。通过使用 getAttribute() 方法或属性节点的 nodeValue 属性来完成获取任务。

```
< script type= "text/javascript" src= "loadxmldoc.js"> < /
script>
< script>
  xmlDoc= loadXMLDoc("books.xml");
  txt= xmlDoc.getElementsByTagName("book")[0].getAttribute
("category");
  alert(txt);
< /script>
```

7.4.3 更改 DOM 节点

1. 更改文本节点的值

元素节点没有文本值,更改元素文本的方法,就是获取该元素文本节点的值。

例如,使用 nodeValue 属性来更改 "books. xml" 中 title 为“红楼梦”元素的 price 节点的文本值。

```
< script type= "text/javascript" src= "loadxmldoc.js"> < /script>
< script>
  xmlDoc= loadXMLDoc("books.xml");
  patternString= "//book[title= '红楼梦']";
  x= xmlDoc.selectSingleNode(patternString);
  y= x.getElementsByTagName("price")[0];
```

```
  y.childNodes[0].nodeValue= 55;
  alert(x.xml);
< /script>
```

2.更改属性的值

属性节点拥有文本值，更改属性的值的方法，就是改变它的文本值。通过使用 setAttribute() 方法或属性节点的 nodeValue 属性来完成更改任务。

```
< script type= "text/javascript" src= "loadxmldoc.js"> < /script>
< script>
  xmlDoc= loadXMLDoc("books.xml");
  x= xmlDoc.getElementsByTagName("book")[0];
  x.setAttribute("category","古典文学");
  alert(x.xml);
< /script>
```

7.4.4 创建 DOM 节点

创建 DOM 节点可以使用以下方法：

1.创建元素节点

使用 createElement() 来创建一个新的元素节点，并使用 appendChild() 把它添加到一个节点中。

```
< script type= "text/javascript" src= "loadxmldoc.js"> < /script>
< script>
  xmlDoc= loadXMLDoc("books.xml");
  bookNode= xmlDoc.createElement("book");
  xmlDoc.documentElement.appendChild(bookNode);
  alert(xmlDoc.xml);
< /script>
```

2.创建属性节点

使用 createAttribute() 来创建新的属性节点，并使用 setAttributeNode() 把该节点插入一个元素中。也可使用 setAttribute() 为一个元素创建一个新的属性。

```
< script type= "text/javascript" src= "loadxmldoc.js"> < /script>
< script>
  xmlDoc= loadXMLDoc("books.xml");
  bookNode= xmlDoc.createElement("book");
  bookNode.setAttribute("category","中国文学");
  xmlDoc.documentElement.appendChild(bookNode);
  alert(xmlDoc.xml);
< /script>
```

3. 创建文本节点

使用 createTextNode() 来创建新的文本节点,并使用 appendChild() 把该文本节点添加到一个元素中。

```
< script type= "text/javascript" src= "loadxmldoc.js"> < /script>
< script>
  xmlDoc= loadXMLDoc("books.xml");
  bookNode= xmlDoc.createElement("book");
  bookNode.setAttribute("category","中国文学");
  titleNode= xmlDoc.createElement("title");
  textNode= xmlDoc.createTextNode("西游记")
  titleNode.appendChild(textNode);
  bookNode.appendChild(titleNode);
  xmlDoc.documentElement.appendChild(bookNode);
  alert(xmlDoc.xml);
< /script>
```

4. 创建一个 CDATA 节点

使用 createCDATAsection() 来创建 CDATA 节点,并使用 appendChild() 把它添加到元素中。

```
< script type= "text/javascript" src= "loadxmldoc.js"> < /script>
< script>
  xmlDoc= loadXMLDoc("books.xml");
  newCDATA= xmlDoc.createCDATASection("Special Offer & Book
Sale");
```

```
    x= xmlDoc.getElementsByTagName("book")[0];
    x.appendChild(newCDATA);
    alert(xmlDoc.xml);
< /script>
```

5. 创建注释节点

使用 createComment() 来创建一个注释节点，并使用 appendChild() 把它添加到一个元素中。

```
< script>
    xmlDoc= loadXMLDoc("books.xml");
    newComment= xmlDoc.createComment("Revised March 2008");
    x= xmlDoc.getElementsByTagName("book")[0];
    x.appendChild(newComment);
    alert(xmlDoc.xml);
< /script>
```

6. 创建节点实例

在 books. xml 文档中添加第三本书的内容，书名《西游记》、作者“吴承恩”，通过创建一个新的 book 节点，并把其添加到文档中。

```
< script type= "text/javascript" src= "loadxmldoc.js"> < /script>
< script>
    xmlDoc= loadXMLDoc("books.xml");
    bookNode= xmlDoc.createElement("book");
    bookNode.setAttribute("category","中国文学");
    titleNode= xmlDoc.createElement("title");
    titleTextNode= xmlDoc.createTextNode("西游记")
    titleNode.appendChild(titleTextNode);
    bookNode.appendChild(titleNode);
    authorNode= xmlDoc.createElement("author");
    authorTextNode= xmlDoc.createTextNode("吴承恩")
    authorNode.appendChild(authorTextNode);
    bookNode.appendChild(authorNode);
    xmlDoc.documentElement.appendChild(bookNode);
    alert(xmlDoc.xml);
< /script>
```

7.4.5 删除 DOM 节点

1. 删除元素节点

使用 removeChild() 方法删除指定的节点。当一个节点被删除时，其所有子节点也会被删除。

```
< script type= "text/javascript" src= "loadxmldoc.js"> < /script>
< script>
  xmlDoc= loadXMLDoc("books.xml");
  x= xmlDoc.getElementsByTagName("book")[0];
  x.parentNode.removeChild(x);
  alert(xmlDoc.xml);
< /script>
```

2. 删除文本节点

使用 removeChild() 方法也可用于删除文本节点：

```
< script type= "text/javascript" src= "loadxmldoc.js"> < /script>
< script>
  xmlDoc= loadXMLDoc("books.xml");
  x= xmlDoc.getElementsByTagName("title")[0];
  y= x.childNodes[0];
  x.removeChild(y);
  alert(xmlDoc.xml);
< /script>
```

除了使用 removeChild() 来删除第 1 个文本节点外，还可以使用清空文本节点的文本值的方法。下例使用 nodeValue() 属性来清空第一个 <title> 元素的文本节点。

```
< script type= "text/javascript" src= "loadxmldoc.js"> < /script>
< script>
  xmlDoc= loadXMLDoc("books.xml");
  x= xmlDoc.getElementsByTagName("title")[0];
  y= x.childNodes[0];
  y.nodeValue= "";
  alert(xmlDoc.xml);
```

```
< /script>
```

3.删除属性节点

使用 removeAttribute(name)方法根据名称删除属性节点。

```
< script type= "text/javascript" src= "loadxmldoc.js"> < /script>
< script>
  xmlDoc= loadXMLDoc("books.xml");
  x= xmlDoc.getElementsByTagName("book")[0];
  x.removeAttribute("category");
  alert(xmlDoc.xml);
< /script>
```

使用 removeAttributeNode(node) 方法根据对象删除属性节点,通过使用 Node 对象作为参数,来删除属性节点。

```
< script type= "text/javascript" src= "loadxmldoc.js"> < /script>
< script>
  xmlDoc= loadXMLDoc("books.xml");
  x= xmlDoc.getElementsByTagName("book")[0];
  attnode= x.attributes[0];
  x.removeAttributeNode(attnode);
  alert(xmlDoc.xml);
< /script>
```

7.5 DOM 编程实例

以 books.xml 为数据源,将其载入内存,对 XML 文档进行操作,实现简单的图书管理功能:查询图书、添加图书、修改图书、删除图书等操作。基于 XML 的简单图书管理的功能和界面如图 7.2 所示。

(1)数据源 books.xml 文档的主要内容

```
< ? xml version= "1.0" encoding= "utf- 8"? >
< bookstore>
  < book category= "中国文学">
    < title> 三国演义< /title>
    < author> 罗贯中< /author>
```

```
    < price> 45< /price>
  < /book>
  < book category= "中国文学">
    < title> 红楼梦< /title>
    < author> 曹雪芹< /author>
    < price> 50< /price>
  < /book>
  < book category= "中国文学">
    < title> 水浒传< /title>
    < author> 施耐庵< /author>
    < price> 40< /price>
  < /book>
  < book category= "中国文学">
    < title> 西游记< /title>
    < author> 吴承恩< /author>
    < price> 35< /price>
  < /book>
< /bookstore>
```

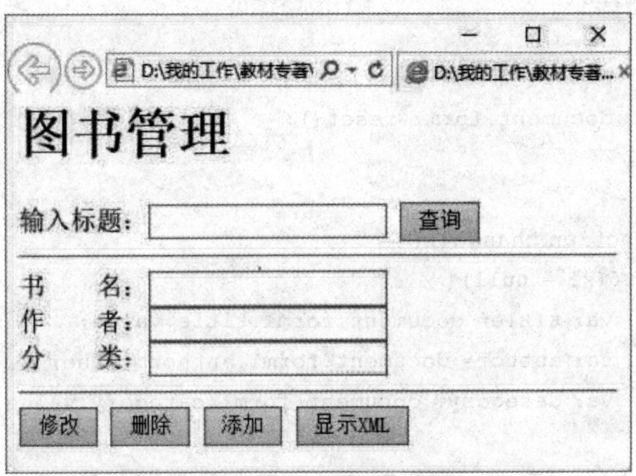

图 7.2　基于 XML 的简单图书管理

(2)基于 XML 的简单图书管理功能的实现代码

```
< html>
< head>
  <script type= "text/javascript" src= "loadxmldoc.js"></script>
```

```
<script>
  var xmlDoc= loadXMLDoc("books.xml");
  var x= null;//用于保存当前的 book 节点
  function search(){
    var nameStr= document.form1.name.value;
    var XPath= "//book[title= '"+ nameStr+ "']"
    x= xmlDoc.selectSingleNode(XPath);
    if(x! = null)
    {
      var title= x.getElementsByTagName("title")[0].first-
Child.nodeValue;
       var author= x.getElementsByTagName("author")[0].
firstChild.nodeValue;
      var category= x.getAttribute("category");
      document.form1.title.value= title;
      document.form1.author.value= author;
      document.form1.category.value= category;
    }
    else
    {
      alert("未找到信息!");
      document.form1.reset();
    }
  }
  function change(){
    if(x! = null){
      var title= document.form1.title.value;
      var author= document.form1.author.value;
      var category= document.form1.category.value;

      x.getElementsByTagName("title")[0].firstChild.node-
Value= title;
      x.getElementsByTagName("author")[0].firstChild.no-
deValue= author;
      x.setAttribute("category",category);
      alert("修改成功!");
    }
```

```
}
function del(){
  if(x! = null) {
    x.parentNode.removeChild(x);
    document.form1.reset();
    alert("删除成功!");
  }
}
function showXML(){
  alert(xmlDoc.xml);
}
function add(){
  //获取表单文本框中的值
  var title= document.form1.title.value;
  var author= document.form1.author.value;
  var category= document.form1.category.value;
  //创建 book 节点
  var bookNode= xmlDoc.createElement("book");
  bookNode.setAttribute("category",category);
  //创建 title 节点
  var titleNode= xmlDoc.createElement("title");
  var titleTextNode= xmlDoc.createTextNode(title)
  titleNode.appendChild(titleTextNode);
  bookNode.appendChild(titleNode);
  //创建 author 节点
  var authorNode= xmlDoc.createElement("author");
  var authorTextNode= xmlDoc.createTextNode(author)
  authorNode.appendChild(authorTextNode);
  bookNode.appendChild(authorNode);
  //添加 book 节点到根元素下
  xmlDoc.documentElement.appendChild(bookNode);
  x= bookNode;//将新添加的节点改为当前节点
  alert("添加成功!");
}
< /script>
< /head>
< body>
```

```
<h1>图书管理</h1>
<form name="form1">
输入标题:<input name="name" type="text"></input> <input type="button" value="查询" onclick="search()"></input><hr>
书名:<input name="title" type="text"></input><br/>
作者:<input name="author" type="text"></input><br/>
分类:<input name="category" type="text"></input><br/>
<hr><input type="button" value="修改" onclick="change()"></input> <input type="button" value="删除" onclick="del()"></input> <input type="button" value="添加" onclick="add()"></input> <input type="button" value="显示 XML" onclick="showXML()">
</form>
</body>
</html>
```

7.6 本章小结

在数据交换过程中经常使用应用程序来读写 XML 文档,如果采用传统的 I/O 进行读写,不仅效率太低,而且编程复杂。XML 解析器的主要功能就是检查 XML 语法,剥离文档中的标记,读出正确的内容。为了能更好地处理 XML 文档解析问题,W3C 提供了 DOM 模型的推荐标准,从而可以动态地读取或修改 XML 文档的内容。DOM(Document Object Model),即文档对象模型,是 W3C 组织推荐的处理 HTML 和 XML 文档的标准编程接口。本章概述了 DOM 模型中 Document,Node,NodeList,Element,Attr,Text 等常用节点对象的基本属性和方法。举例说明了在浏览器中使用 JavaScript 访问 DOM 模型的编程方法和基本过程。

7.7 习题

一、填空题

1. DOM(Document Object Model),即文档对象模型,是 W3C 组织推

荐的处理 HTML 和 XML 文档的__________。

2. DOM 是中立于平台和语言的接口，它允许程序和脚本动态地访问和更新文档的__________。

3. 为了能够访问 XMLDOM 对象，我们需要一个__________读入 XML 文档，并剖析确定该文档的正确性，然后把文档内容在内存中表示成一个逻辑树结构。

4. __________对象是一棵文档树的根，为我们提供了对文档数据的最初(或最顶层)的访问入口。

5. __________对象代表文档树中的一个节点，是整个 DOM 的主要数据类型。

二、选择题

1. XML DOM 指的是(　　)。

A. XML 文档　　B. XML 文档对象模型

C. XML 模型语言　　D. XML 路径语言

2. 下面是 XML 标准提供的编程接口，用于开发人员访问 XML 文档。(选择两项)(　　)

A. Xpath　　B. Dom

C. XSLT　　D. Xlink

3. 在 XML 中，下列关于 DOM 的叙述错误的是(　　)。

A. DOM 是独立于开发语言和平台的，因此使用 Visnal Basic、Java、Visual C++等开发工具使用的 DOM 编程 API 是一致的

B. XML 文档通过 load 方法被装载进内存后，在内存中形成一个 DOM 文档对象模型树

C. 通过 DOM API，软件开发人员可以控制 XML 文档的结构和内容

D. 通过 DOM 在 XML 文档中只能按照顺序方式导航

4. 在 XML 中，DOM 中 NodeList 的 length 属性表示的是(　　)。

A. 该对象中文本字符的长度

B. 该对象中元素节点的数量

C. 该对象中节点的数量

D. 该对象中文档对象的数量

5. XML 中，(　　)是文档对象模型 DOM 中的基本对象，元素、属性、注释、处理指令等都可以认为是它。

A. DOM Document　　B. XMLDOM Node

C. XMLDOM NodeList　　D. XMLDOM Element

三、上机题

以以下 XML 文档为数据源，上机编程在浏览器中实现 CD 的管理功能：查询、添加、删除和修改。

```
<?xml version="1.0" encoding="UTF-8"?>
<cds>
  <cd>
    <title>Empire Burlesque</title>
    <artist>Bob Dylan</artist>
    <country>USA</country>
    <company>Columbia</company>
    <price>10.90</price>
    <year>1985</year>
  </cd>
  <cd>
    <title>Greatest Hits</title>
    <artist>Dolly Parton</artist>
    <country>USA</country>
    <company>RCA</company>
    <price>9.90</price>
    <year>1982</year>
  </cd>
  <cd>
    <title>Still got the blues</title>
    <artist>Gary Moore</artist>
    <country>UK</country>
    <company>Virgin records</company>
    <price>10.20</price>
    <year>1990</year>
  </cd>
</cds>
```

第 8 章　Java XML 编程

8.1　使用 JAXP 解析 XML

JAXP(Java API for XMLProcessing，即处理 XML 的 Java API)是 Java XML 程序设计的应用程序接口之一，它提供解析和验证 XML 文档的能力。JAXP 支持 DOM 和 SAX 解析机制。JAXP 本身没有提供任何的 XML 解析支持，其底层必须依赖于各种具体的 XML 解析器，但它不与任何具体的 XML 解析器耦合，因而使得应用程序可以在各种解析器之间轻松切换而无须修改源代码。我们可以直接通过 JAXP 的默认 API 参数获得默认的解析器(jdk1.4 默认包括一种解析器 Crimson，jdk5.0 默认使用的是 Apache xerces)，也可以通过多种方式改变 JAXP 的解析器，如通过虚拟机启动参数，工厂方法参数等。

JAXP 包含三个软件包：

org.w3c.dom，W3C 推荐的用于 XML 标准文档对象模型的 Java 工具；

org.xml.sax，用于对 XML 进行语法分析的事件驱动的简单 API；

javax.xml.parsers，工厂化工具，允许应用程序开发人员获得并配置特殊的语法分析器工具。

8.1.1　JAXP 的 DOM 解析

DOM 以树状结构组织 XML 文档的每个节点，这个树状结构允许开发人员在树中查找特定信息。在访问树的节点之前，必须先加载整个 XML 文档，解析器解析文档并构造对应的树状结构。

1. 解析器工厂类(DocumentBuilderFactory)

定义工厂 API，使应用程序能够从 XML 文档获取生成 DOM 对象树的解析器。创建 DocumentBuilderFactory 类的新实例需要使用 Document-

BuilderFactory 类的静态方法 newInstance(),如下所示:

```
DocumentBuilderFactory dbf = DocumentBuilderFactory.newIn-
stance();
```

2. 解析器类(DocumentBuilder)

使用此类,应用程序员可以从 XML 文档获取一个 Document 对象。此类的实例可以从 DocumentBuilderFactory.newDocumentBuilder() 方法获取。获取此类的实例之后,将可以从各种输入源解析 XML。这些输入源有 InputStreams、Files、URL 和 SAX InputSources。示例代码如下所示:

```
DocumentBuilder db= dbf.newDocumentBuilder();
```

3. 文档树模型对象(Document)

Document 接口表示整个 XML 文档。从概念上讲,它是文档树的根,并提供对文档数据的基本访问。DocumentBuilder 的 parse()方法接受一个 XML 文档名作为输入参数,并返回一个 Document 实例,示例代码如下所示:

```
Document doc= db.parse("books.xml");
```

因为元素、文本节点、注释、处理指令等不能存在于 Document 的上下文之外,所以 Document 接口还包含所需的创建这些对象的工厂方法。

- createAttribute(String name):创建给定名称的 Attr 节点。
- createCDATASection(String data):创建其值为指定字符串的 CDATASection 节点。
- createComment(String data):创建给定指定字符串的 Comment 节点。
- createElement(String tagName):创建指定名称的元素。
- createTextNode(String data):创建给定指定字符串的 Text 节点。
- getDocumentElement():这是一种便捷属性,该属性允许直接访问文档的文档元素。
- getElementsByTagName(String tagname):按文档顺序返回包含在文档中且具有给定标记名称的所有 Element 的 NodeList。

4. 节点列表对象(NodeList)

NodeList 接口提供了节点的有序集合的抽象,代表包含一个或多个

Node 的列表。NodeList 中的项目可以通过整数索引访问,从 0 开始。

• getLength():返回列表中的节点数。有效子节点索引的范围是 0 到 length－1。

• item(int index):返回 index 中的 index 项目。如果 index 大于或等于列表中的节点数,则返回 null。

5. 节点对象(Node)

该 Node 对象是整个文档对象模型的主要数据类型。它表示该文档树中的单个节点。在实际应用中,通常会用到 Element,Attr,Text 等 Node 对象的子对象来操作文档。Node 对象为这些对象提供了一个抽象的、公共的根。Node 对象所包含的主要方法如下。

• appendChild(Node newChild):将节点 newChild 添加到此节点的子节点列表的末尾。

• cloneNode(boolean deep):返回此节点的副本,即允当节点的一般复制构造方法。

• getAttributes():包含此节点的属性的 NamedNodeMap(如果它是 Element);否则为 null。

• getChildNodes():包含此节点的所有子节点的 NodeList。

• getFirstChild():此节点的第一个子节点。

• getLastChild():此节点的最后一个节点。

• getLocalName():返回此节点限定名称的本地部分。

• getNextSibling():直接在此节点之后的节点。

• getNodeName():此节点的名称,取决于其类型;参见 Java API 文档。

• getNodeType():表示基础对象的类型的节点。

• getNodeValue():此节点的值,取决于其类型;参见 Java API 文档

• getParentNode():此节点的父节点。

• removeChild(Node oldChild):从子节点列表中移除 oldChild 所指示的子节点,并将其返回。

• replaceChild(Node newChild,Node oldChild):将子节点列表中的子节点 oldChild 替换为 newChild,并返回 oldChild 节点。

• setNodeValue(String nodeValue):此节点的值,取决于其类型;参见 Java API 文档。

6. 元素对象(Element)

Element 对象表示 XML 文档中的一个元素。由于 Element 继承

Node,所以可以使用一般 Node 中定义的方法。Element 对象所包含的主要方法如下。

- getAttribute(String name):通过名称获得属性值。
- getAttributeNode(String name):通过名称获得属性节点。
- getElementsByTagName(String name):以文档顺序返回具有给定标记名称的所有后代 Elements 的 NodeList。
- getTagName():元素的名称。
- removeAttribute(String name):通过名称移除一个属性。
- removeAttributeNode(Attr oldAttr):移除指定的属性节点。
- setAttribute(String name,String value):添加一个新属性。
- setAttributeNode(Attr newAttr):添加新的属性节点。

7. 属性对象(Attr)

Attr 对象表示 Element 对象中的属性。通常该属性所允许的值定义在与文档相关的模式中。Attr 对象继承自 Node 接口,但由于它们实际上不是它们描述的元素的子节点,DOM 不会将它们看作文档树的一部分。因此,Node 具有的属性 parentNode、previousSibling 和 nextSibling 用于 Attr 对象的时其值为 null。

- getName():返回此属性的名称。
- getOwnerElement():此属性连接到的 Element 节点;如果未使用此属性,则为 null。
- getValue():检索时,该属性值以字符串形式返回。
- setValue(String value):检索时,该属性值以字符串形式返回。

8. JAXP 的 DOM 解析 XML 文档实例

例如,使用 JAXP 对以下“books. xml”文档进行解析,books. xml 文档的内容如下。

```
<?xml version="1.0" encoding="UTF-8"?>
<bookstore>
  <book category="中国文学">
    <title>三国演义</title>
    <author>罗贯中</author>
    <price>45</price>
  </book>
  <book category="中国文学">
```

```
    < title> 红楼梦< /title>
    < author> 曹雪芹< /author>
    < price> 50< /price>
  < /book>
  < book category= "中国文学">
    < title> 水浒传< /title>
    < author> 施耐庵< /author>
    < price> 40< /price>
  < /book>
  < book category= "中国文学">
    < title> 西游记< /title>
    < author> 吴承恩< /author>
    < price> 35< /price>
  < /book>
< /bookstore>
```

使用 JAXP DOM 解析,在控制台输出每个 book 的 category,title,author 和 price 元素的文档内容,实例代码示例如下。

```
public class JAXPTest {
  public static void main(String[] args) {
    try {
       DocumentBuilderFactory dbf= DocumentBuilderFactory.
newInstance();
      DocumentBuilder db= dbf.newDocumentBuilder();
      Document doc= db.parse("xmlResource/books.xml");
      NodeList bookList= doc.getElementsByTagName("book");
      for(int i= 0;i< bookList.getLength();i+ + ){
        System.out.println(String.format("- - - 第% d 本书- -
- ",i+ 1));
        Element book= (Element)bookList.item(i);
        String category= book.getAttribute("category");
        System.out.println("分类:"+ category);
        Element title= (Element)book.getElementsByTagName("
title").item(0);
        String titleStr= title.getTextContent();
        System.out.println("书名:"+ titleStr);
        Element author= (Element)book.getElementsByTagName("
author").item(0);
```

```
            String authorStr= author.getTextContent();
            System.out.println("作者:"+ authorStr);
            Element price= (Element)book.getElementsByTagName("
price").item(0);
            String priceStr= price.getTextContent();
            System.out.println("价格:"+ priceStr);
          }
        } catch (Exception e) {
          e.printStackTrace();
        }
      }
    }
```

在 book.xml 文档中添加一个新的 book 节点，并保存为 book2.xml 文档，实例代码示例如下。

```
  public class JAXPTest2 {
    public static void main(String[] args) {
      try {
        DocumentBuilderFactory dbf = DocumentBuilderFactory.
newInstance();
        DocumentBuilder db= dbf.newDocumentBuilder();
        Document doc= db.parse("xmlResource/books.xml");
        Element book= doc.createElement("book");
        book.setAttribute("category","科技");
        Element title= doc.createElement("title");
        title.setTextContent("XML 编程");
        Element author= doc.createElement("author");
        author.setTextContent("Tom");
        Element price= doc.createElement("price");
        price.setTextContent("25");
        book.appendChild(title);
        book.appendChild(author);
        book.appendChild(price);
        doc.getDocumentElement().appendChild(book);
        TransformerFactory tf = TransformerFactory.newInstance();
        Transformer transformer = tf.newTransformer();
        transformer.setParameter("version","1.0");
        transformer.setParameter("encoding","UTF-8");
```

```
            DOMSource xmlSource = new DOMSource(doc);
            StreamResult outputTarget = new StreamResult(new File("
xmlResource/books2.xml"));
            transformer.transform(xmlSource,outputTarget);
            System.out.println("添加成功!");
        }catch (Exception e) {
            e.printStackTrace();
        }
    }
}
```

8.1.2 JAXP 的 SAX 解析

SAX 是 Simple API for XML 的缩写,是 XML 的简单应用程序编程接口。SAX 在处理 XML 时采用事件驱动的"推"模型,在读取文档时激活一系列事件,这些事件被推给事件处理器,然后由事件处理器提供对文档内容的访问。虽然 SAX 不是 W3C 标准,但它却是一个得到广泛认可的 API。SAX 在处理 XML 时逐行扫描文档,一边扫描一边解析,因此不需要将数据存储在内存中,这对于大型文档的解析是个巨大优势。

SAX 的工作原理简单地说就是对文档进行顺序扫描,当扫描到文档(document)开始、元素(element)开始与结束、文档(document)结束等地方时通知事件处理函数,由事件处理函数做相应动作,然后继续同样的扫描,直至文档结束。因此,使用 SAX 解析 XML 文档时,程序员主要负责提供事件监听器来监听这些事件,并通过事件获取 XML 文档信息。

1. SAXParserFactory 类

SAXParserFactory 使应用程序能够配置和获取基于 SAX 的解析器以解析 XML 文档。

```
SAXParserFactory spf= SAXParserFactory.newInstance();
```

2. SAXParser 类

SAXParser 类定义包装 XMLReader 实现类的 API,此类的实例可以从 SAXParserFactory.newSAXParser() 方法获得。获取此类的实例之后,将可以从各种输入源解析 XML。这些输入源为 InputStream、File、URL 和 SAX InputSource。

```
SAXParser sp= spf.newSAXParser();
```

3. SAX 监听器

SAX 解析事件一共有 4 种，需要分别设置 4 种监听器。

- ContentHandler：监听 XML 文档内容处理事件的监听器。
- DTDHandler：监听 DTD 处理事件的监听器。
- EntityResolver：监听实体处理事件的监听器。
- ErrorHandler：监听解析错误的监听器。

其中，ContentHandler 监听器是一个大多数 SAX 应用程序实施的主要接口。ContentHandler 监听器中我们常用的 5 种事件为：startDocument，endDocument，startElement，endElement，characters。这些事件及各自的处理方法如下。

(1) startDocument 事件

该事件表明 SAX 解析器发现了 XML 文档的开始，表明解析器开始扫描文档。该事件的处理方法声明为

```
void startDocument() throws SAXException
```

在其他任何事件回调(不包括 setDocumentLocator)之前，SAX 解析器仅调用此方法一次。

(2) endDocument 事件

该事件表明 SAX 解析器发现了 XML 文档的结尾。该事件的处理方法声明为

```
void endDocument() throws SAXException
```

SAX 解析器仅调用此方法一次，并且它将是解析期间最后调用的方法。

(3) startElement 事件

该事件表明 SAX 解析器发现了 XML 文档中一个元素的起始标签。该事件的处理方法声明为

```
void startElement(String uri,String localName,String qName,
Attributes atts)
throws SAXException
```

解析器在 XML 文档中的每个元素的开始调用此方法；对于每个 startElement 事件都将有相应的 endElement 事件(即使该元素为空时)。所有元素的内容都将在相应的 endElement 事件之前顺序地报告。该处理方法

包含 4 个参数,参数说明如下。

(4) endElement 事件

该事件表明 SAX 解析器发现了 XML 文档中一个元素的结束标签。该事件的处理方法声明为

```
void endElement (String uri, String localName, String qName)
throws SAXException
```

SAX 解析器会在 XML 文档中每个元素的末尾调用此方法;对于每个 endElement 事件都将有相应的 startElement 事件(即使该元素为空时)。

(5) characters 事件

该事件表明 SAX 解析器发现了 XML 文档中一个元素的文本信息。该事件的处理方法声明为

```
void characters(char[] ch,int start,int length) throws SAXEx-
ception
```

解析器将调用此方法来报告字符数据的每个存储块。SAX 解析器能够用单个存储块返回所有的连续字符数据,或者可以将该数据拆分成几个存储块;但是,任何单个事件中的全部字符都必须来自同一个外部实体,以便定位器能够提供有用的信息。

4. SAX 解析实例

DefaultHandler 实现了 ContentHandler、DTDHandler、EntityResolver、ErrorHandler 接口,并为这些接口中所包含的方法提供了实现,它通常用于继承,程序员只需重写我们关心的监听方法,而无须为每个方法都提供实现。DefaultHandler 与 ContentHandler、DTDHandler、EntityResolver、ErrorHandler 之间的关系就是事件适配器与事件监听器的关系。

例如,对 8.1.1 中的“books. xml”进行 SAX 解析,在控制台输出每个 book 的 title,author 和 price 元素的文档内容。

(1) 创建 MyHandler 监听器,类的定义如下

```
import org.xml.sax.Attributes;
import org.xml.sax.helpers.DefaultHandler;

public class MyHandler extends DefaultHandler {
  private boolean isReadForText= false;
  @ Override
  public void startElement(String uri,String localName,
```

```
    String qName,Attributes attributes)
   {
    if(qName.equals("title")){
      isReadForText= true;
      System.out.print("书名:");
    }
    if(qName.equals("author")){
      isReadForText= true;
      System.out.print("作者:");
    }
    if(qName.equals("price")){
      isReadForText= true;
      System.out.print("价格:");
    }
   }
   @ Override
   public void endElement(String uri,String localName,String
qName){
    isReadForText= false;
   }
   @ Override
   public void characters(char[] ch,int start,int length){
    if(isReadForText= = true){
      String value= new String(ch,start,length);
      System.out.println(value);
    }
   }
}
```

(2) 创建主类 BooksSaxParse,执行主程序,解析 books. xml 文档

```
import java.io.File;
import java.io.IOException;
import javax.xml.parsers.ParserConfigurationException;
import javax.xml.parsers.SAXParser;
import javax.xml.parsers.SAXParserFactory;
import org.xml.sax.SAXException;
import org.xml.sax.helpers.DefaultHandler;
public class BooksSaxParse {
```

```
    public static void main(String[] args) {
      SAXParserFactory spf= SAXParserFactory.newInstance();
      try {
        SAXParser sp= spf.newSAXParser();
        File file= new File("books.xml");
        MyHandler handle= new MyHandler();
        sp.parse(file,handle);
      } catch (ParserConfigurationException | SAXException    |
IOException e) {
        e.printStackTrace();
      }
    }
  }
```

8.2 使用 dom4j 解析 XML

8.2.1 dom4j 简介

1. dom4j 简介

JAXP 虽然在 DOM 和 SAX 解析机制上进行了一定的抽象，但基于 Xerces 的 JAXP 进行 XML 解析还是比较烦琐，编程代码比较冗长，可读性不高。由于 JAXP 存在许多缺陷，于是 Java 领域又出现了两个开源的 XML 解析器：dom4j 和 JDOM。dom4j 主要面向接口编程，而 JDOM 则面向实现类编程。

dom4j 是一个易用的、开源的库，用于 XML，XPath 和 XSLT。它应用于 Java 平台，采用了 Java 集合框架并完全支持 DOM，SAX 和 JAXP。

dom4j 是针对 Java 开发人员专门提供的 XML 文档解析规范，它不同于 DOM，但与 DOM 相似。dom4j 针对 Java 开发人员而设计，所以对于 Java 开发人员来说，使用 dom4j 要比使用 DOM 更加方便。

dom4j 最大的特色是使用大量的接口，dom4j 采用面向接口编程的方式来处理 XML 文档解析，应用程序主要面向 Document，Element 和 ProcessingInstruction 等接口编程，至于这些接口的底层实现，程序员无须关心。dom4j 的开发者宣称:如果希望使用 dom4j 来解析 XML 文档,那么无须参考任何图书,甚至不需要翻阅烦琐的用户指南,只要基本的 DOM 概念,那么对着 dom4j 的 API 文档即可使用 DOM4J 解析。

2. dom4j 常用 API 简介

dom4j 为解析 XML 文档主要提供了以下解析器,负责将不同形式的 XML 文档解析成 dom4j 树。

- DOMReader:该解析器负责将 W3C 的 DOM 解析为 dom4j 树。
- SAXReader:该解析器负责将 XML 数据源解析为 dom4j 树。

相应地,dom4j 提供了以下几个 Writer 输出工具。

- DOMWriter:该输出工具负责将 dom4j 树转换为 W3C 的 DOM 树。
- SAXWriter:该输出工具负责将 dom4j 树输出给 SAX 的 ContentHandler 处理。
- XMLWriter:该输出工具负责将 dom4j 树转换成对应的 XML 文档,并可输出到指定的输出流中。

除此之外,如果程序需要创建一份新的 Document,dom4j 还提供了如下工具类。

- DocumentFactory:该工具类提供了一个 createDocument()方法用于创建 Document 对象。
- DocumentHelper:该工具类提供了大量静态方法用于创建 XML 文档各组成部分。

在 dom4j 中,也有 Node、Document、Element 等接口,结构上与 DOM 中的接口比较相似。在 dom4j 中,所有 XML 组成部分都是一个 Node,其中 Branch 表示可以包含子节点的节点,例如,Document 和 Element 都是可以有子节点的,它们都是 Branch 的子接口。Attribute 是属性节点,CharacterData 是文本节点,文本节点有三个子接口,分别是 CDATA、Text、Comment。dom4j 中常用 API 接口如表 8-1 所示,元素接口及属性接口方法如表 8-2 和表 8-3 所示。

表 8-1 dom4j 常用接口

dom4j 的 API 接口	说明
Node	dom4j 树中所有节点的根接口
Branch	代表包含子节点的节点,Branck 接口下有两个子接口,Element 和 Document

续表

dom4j 的 API 接口	说明
Element	代表 XML 元素
Document	代表 XML 文档
Attribute	代表 XML 元素的属性
DocumentType	代表 XML 文档里的 DOCTYPE 声明
ProcessingInstruction	代表 XML 文档里的处理指令
CharacterData	所有文本节点的父接口，有 CDATA、Text 和 Comment 3 个子接口
CDATA	代表 XML 文档里的 CDATA 段
Text	代表 XML 文档里的 文本内容
Comment	代表 XML 文档里的注释内容

表 8-2　Element 元素 API

方法	说明
getQName()	元素的 QName 对象
getNamespace()	元素所属的 Namespace 对象
getNamespacePrefix()	元素所属的 Namespace 对象的 prefix
getNamespaceURI()	元素所属的 Namespace 对象的 URI
getName()	元素的 local name
getQualifiedName()	元素的 qualified name
getText()	元素所含有的 text 内容，如果内容为空则返回一个空字符串而不是 null
getTextTrim()	元素所含有的 text 内容，其中连续的空格被转化为单个空格，该方法不会返回 null
attributeIterator()	元素属性的 iterator，其中每个元素都是 Attribute 对象
attributeValue()	元素的某个指定属性所含的值
elementIterator()	元素的子元素的 iterator，其中每个元素都是 Element 对象
element()	元素的某个指定(qualified name 或者 local name)的子元素
elementText()	元素的某个指定(qualified name 或者 local name)的子元素中的 text 信息

续表

方法	说明
getParent	元素的父元素
getPath()	元素的 XPath 表达式,其中父元素的 qualified name 和子元素的 qualified name 之间使用"/"分隔
isTextOnly()	是否该元素只含有 text 或是空元素
isRootElement()	是否该元素是 XML 树的根节点

表 8-3 Attribute 属性 API

方法	说明
getQName()	属性的 QName 对象
getNamespace()	属性所属的 Namespace 对象
getNamespacePrefix()	属性所属的 Namespace 对象的 prefix
getNamespaceURI()	属性所属的 Namespace 对象的 URI
getName()	属性的 local name
getQualifiedName()	属性的 qualified name
getValue()	属性的值

8.2.2 dom4j 解析

1. 解析 XML 文档

org. dom4j. io 提供了两个类:SAXReader 和 DOMReader。DOMReader 只能从一个现有的 w3c DOM 树构建 dom4j 树,即只能从一个 org. w3c. dom. Document 中构建 org. dom4j. Document 树,而 SAXReader 则使用 SAX 解析器,从不同的输入源构建 dom4j 树,如可以从 xml 文件中读取并构建 dom4j 树。

使用 SAXReader 解析为

```
SAXReader reader = new SAXReader();
Document document = reader.read(new File("books.xml"));
```

使用 DOMReader 解析为

```
DocumentBuilderFactory dbf = DocumentBuilderFactory.newIn-
stance();
DocumentBuilder db = dbf.newDocumentBuilder();
File file = new File("books.xml");
org.w3c.dom.Document domDocument = db.parse(file);
DOMReader reader = new DOMReader();
org.dom4j.Document document = reader.read(domDocument);
```

2. 获取节点

获得 dom4j 树之后，可以根据 dom4j 树获取节点。首先获取根节点，然后根据根节点获取其子节点。

访问根节点

```
Element root = document.getRootElement();
```

访问所有子节点

```
List books = root.elements();
for (Iterator< Element> it = books.iterator(); it.hasNext();) {
  Element e = (Element) it.next();
  //TODO
}
```

访问指定名称的节点，如访问名称为"book"的全部节点

```
List books = root.elements("book");
for (Iterator< Element> it = books.iterator(); it.hasNext();) {
  Element e = (Element) it.next();
  //TODO
}
```

访问指定名称的第一个节点

```
Element book = root.element("book");
```

获取节点后，可以通过节点获取属性

```
Attribute attr1 = book.attribute("category ");
```

按照属性顺序获取属性

```
Attribute attr2 = book.attribute(0);
```

3. 遍历 XML 树

迭代某个元素的所有子元素，如迭代 root

```
public void bar(Document document) throws DocumentException {
  Element root = document.getRootElement();
  //iterate through child elements of root
  for (Iterator< Element> it = root.elementIterator(); it.
hasNext();) {
    Element element = it.next();
    //do something
  }
  //iterate through child elements of root with element name
"book"
   for (Iterator < Element > it = root. elementIterator
("book"); it.hasNext();) {
    Element foo = it.next();
    //do something
  }
  //iterate through attributes of root
  for (Iterator< ttribute> it = root.attributeIterator();
it.hasNext();) {
    Attribute attribute = it.next();
    //do something
  }
}
```

4. 创建 XML 树

```
import org.dom4j.Document;
import org.dom4j.DocumentHelper;
import org.dom4j.Element;
public class Foo {
  public Document createDocument() {
    Document document = DocumentHelper.createDocument();
    Element root = document.addElement("root");

    Element author1 = root.addElement("author")
```

```
        .addAttribute("name","James")
        .addAttribute("location","UK")
        .addText("James Strachan");
      Element author2 = root.addElement("author")
        .addAttribute("name","Bob")
        .addAttribute("location","US")
        .addText("Bob McWhirter");
      return document;
    }
}
```

5. 修改 XML 文档

修改 XML 文件，需要先获取 dom4j 树（即 Document），通常欲修改节点需要先获得该节点或其父节点，欲修改属性，需要先获得该属性所在的节点和该属性。

删除某节点

```
Element root = document.getRootElement();
Element book = root.element("book");
root.remove(book);
```

删除指定名称的属性

```
Element book = root.element("book");
book.remove(book.attribute("name"));
```

修改节点名称和节点值

```
Element book = root.element("book");
book.setName("new_book");
book.setText("你好");
```

修改属性值

```
Attribute attr = book.attribute("category ");
attr.setText("外国文学");
```

6. 文件输出

一个简单的输出方法是将一个 Document 或任何的 Node 通过 write 方法输出

```
FileWriter out = new FileWriter("foo.xml");
document.write(out);
```

如果想改变输出的格式，比如美化输出或缩减格式，可以用 XMLWriter 类

```
import org.dom4j.Document;
import org.dom4j.io.OutputFormat;
import org.dom4j.io.XMLWriter;
public class Foo {
  public void write(Document document) throws IOException {
    //lets write to a file
    try (new FileWriter("output.xml")) {
      XMLWriter writer = new XMLWriter(fileWriter);
      writer.write( document );
      writer.close();
    }
    //Pretty print the document to System.out
    OutputFormat format = OutputFormat.createPrettyPrint();
    writer = new XMLWriter(System.out,format);
    writer.write( document );
    //Compact format to System.out
    format = OutputFormat.createCompactFormat();
    writer = new XMLWriter(System.out,format);
    writer.write(document);
  }
}
```

7. 字符串与 XML 的转换

如果已经拥有 Document 或其他 Node 对象（如 Attribute，Element）的引用，可以通过该接口的 asXML()方法，将其转换为 XML 字符串

```
Document document = …;
String text = document.asXML();
```

DocumentHelper. parseText()方法可以将 XML 字符串解析为 Document 对象

```
String text = "< person> < name> James< /name> < /person> ";
Document document = DocumentHelper.parseText(text);
```

8. XPath 支持

dom4j 对 XPath 有良好的支持，如访问一个节点，可直接用 XPath 选择

```
public void bar(Document document) {
  List< Node>  list =  document.selectNodes("//foo/bar");
  Node node =  document.selectSingleNode("//foo/bar/author");
  String name =  node.valueOf("@ name");
}
```

9. dom4j 解析实例

以 8.1.1 中的 books. xml 为例，使用 dom4j 解析，在控制台输出每个 book 的 category，title，author 和 price 元素的文档内容，实例代码示例如下。

```
public class DOM4JTest {
  public static void main(String[] args) {
    try {
      SAXReader reader =  new SAXReader();
      Document document =  reader.read("xmlResource/books.xml");
      Element root =  document.getRootElement();
      List< Element>  books= root.elements();
      for(int i= 0;i< books.size();i+ + ){
        System.out.println(String.format("- - - 第% d本书- -
- ",i+ 1));
        Element book= books.get(i);
        System. out.println ("分类:"+ book.attributeValue ("
category"));
        System. out.println ("书名:"+ book.elementText ("ti-
tle"));
        System.out.println ("作者:"+ book.elementText ("au-
thor"));
        System. out. println ( "价格:"+  book. elementText ( "
price"));
      }
    } catch (DocumentException e) {
      e.printStackTrace();
    }
  }
}
```

在 book.xml 文档中添加一个 book 节点,并保存为 book2.xml 文档,实例代码示例如下。

```
public class DOM4JTest2 {
  public static void main(String[] args) {
    try {
      SAXReader reader = new SAXReader();
      Document document = reader.read("xmlResource/books.xml");
      Element root = document.getRootElement();
      Element book= root.addElement("book");
      book.addAttribute("category","科技");
      book.addElement("title","XML 编程");
      book.addElement("author","TOM");
      book.addElement("price","25");
      XMLWriter wr= new XMLWriter(new FileOutputStream("xml-
Resource/books2.xml"));
      wr.write(document);
      wr.close();
      System.out.println("保存成功!");
    } catch (Exception e) {
      e.printStackTrace();
    }
  }
}
```

8.3 使用 JDOM 解析 XML

8.3.1 JDOM 简介

1. JDOM 常用类

JDOM 在 2000 年的春天由 Brett Mclaughlin 和 Jason Hunter 开发出来,以弥补 DOM 及 SAX 在实际应用当中的不足之处。这些不足之处主要在于 SAX 没有文档修改、随机访问以及输出的功能,而对于 DOM 来说,JAVA 程序员在使用时来用起来总觉得不太方便。

JDOM 直接为 JAVA 编程服务。它利用更为强有力的 JAVA 语言的诸多特性(方法重载、集合概念以及映射),把 SAX 和 DOM 的功能有效地结合起来。与 dom4j 不同的是,JDOM 的主要 API 都是类,而不是接口。

JDOM 是由以下几个包组成:

org. jdom 包含了所有的 XML 文档要素的 java 类;

org. jdom. adapters 包含了与 dom 适配的 java 类;

org. jdom. filter 包含了 XML 文档的过滤器类;

org. jdom. input 包含了读取 XML 文档的类;

org. jdom. output 包含了写入 XML 文档的类;

org. jdom. transform 包含了将 jdomxml 文档接口转换为其他 XML 文档接口;

org. jdom. xpath 包含了对 XML 文档 xpath 操作的类。

2. JDOM 常用类

在 JDOM 中,XML 元素就是 Element 的实例,XML 属性就是 Attribute 的实例,XML 文档本身就是 Document 的实例。因此创建一个新 JDOM 对象就如在 Java 语言中使用 new 操作符一样容易。JDOM 的使用是直截了当的。JDOM 的常用类如表 8-4 所示。

表 8-4 JDOM 常用类

JDOM 类	说明
Document	表示 XML 文档本身,也是 XML 文档的根
Content	表示所有 JDOM 对象的抽象类
Element	表示 XML 元素
Text	表示 XML 文档里的文本内容
CDATA	表示 XML 文档里的 CDATA 段
DocType	表示 XML 文档里的 DOCTYPE 声明
ProcessingInstruction	表示 XML 文档里的处理指令
EntityRef	表示 XML 文档里的实体引用
Attribute	表示 XML 文档里的属性
Comment	表示 XML 文档里的注释

除此以外,JDOM 在 org. jdom. input 包中提供了以下两个类用于创建

JDOM 树：

• DOMBuilder：负责将一份已有的 W3C 的 Document 对象转换为 JDOM 的 Document 对象。

• SAXBuilder：负责将来自输入流、磁盘或指定 URL 所代表的 XML 文档转换为 JDOM 的 Document 对象。

JDOM 在 org. jdom. output 包中还提供了以下 3 个输出工具类。

• DOMOutputter：将内存中的 JDOM 树输出为 W3C 的 DOM 树。

• SAXOutputter：将内存中的 JDOM 树输出到 SAX2 流中，用于触发 SAX2 事件监听器。

• XMLOutputter：将内存中的 JDOM 树输出为 XML 文档。

8.3.2 JDOM 解析

1. 解析 XML 文档

JDOM 中的 SAXBuilder 类会使用 DOM 来建立一个 JDOM 的解析树。它通过 build()方法由指定的输入数据流建立一个文件，返回一个 Document 对象。

通过文件构造 Document 实例代码为

```
SAXBuilder sb = new SAXBuilder();
Document doc= sb.build(new File("xmlResource/books.xml"));
```

通过 URL 构造 Document 对象代码为

```
SAXBuilder sb = new SAXBuilder();
Document doc= sb.build(url);
```

通过流构造 Document 对象代码为

```
SAXBuilder sb = new SAXBuilder();
Reader in= new StringReader(xmlStr);
Document doc= sb.build(in);
```

2. 创建 XML 文档

Document 类的一个实例用来描述一个 XML 文档，它可以包括文档类型、处理指令对象、根元素和注释对象等内容。

例如，通过以下代码创建一个包含根元素的 Document 对象

```
Element root= new Element("book");
root.setText("XML 编程");
Document doc= new Document(root);
```

或者简单地使用如下代码实现

```
Document doc= new Document(new Element("book").setText("XML
编程"));
```

3. 访问 XML 元素

访问根元素

```
Element root= doc.getRootElement();
```

访问根元素的所有子元素列表

```
List< Element>  root=  root.getChildren();
```

通过名字访问指定的子元素列表

```
List< Element>  root=  root.getChild(name);
```

4. 访问 XML 属性

Element 类的 getAttribute()方法可以取得一个元素的属性，该方法返回一个 Attribute 对象。Attribute 对象的 getValue()方法将会以字符串的形式返回一个属性值。

```
String v= root.getAttribute(attname).getValue();
```

5. 添加元素和属性

```
Element root= new Element("books");
Document doc= new Document(root);
Element book= new Element("book").addContent("XML 编程");
book.setAttribute(new Attribute("category","科技"));
root.addContent(book);
```

6. XML 文档输出

JDOM 的输出非常灵活，支持很多种 IO 格式以及风格的输出，其中 XMLOutPutter 类用 XML 文档输出。

```
XMLOutputter outp= newXMLOutputter();
outp.output(doc,fileOutputStream);//Rawoutput
outp.setTextTrim(true);//Compressedoutput
outp.output(doc,socket.getOutputStream());
outp.setIndent("");//Prettyoutput
outp.setNewlines(true);
outp.output(doc,System.out);
```

7. JDOM 解析 XML 实例

以 8.1.1 中的 books. xml 为例，使用 JDOM 解析，在控制台输出每个 book 的 category，title，author 和 price 元素的文档内容，实例代码示例如下。

```
public class JDOMTest {
  public static void main(String[] args) {
    try {
      SAXBuilder sb =  new SAXBuilder();
      Document doc= sb.build("xmlResource/books.xml");
      Element root= doc.getRootElement();
      List< Element>  booklist=  root.getChildren();
      for(int i= 0;i< booklist.size();i+ + ){
        System.out.println(String.format("- - - 第% d本书- - 
- ",i+ 1));
        Element book= booklist.get(i);
        System.out.println("分类:"+ book.getAttributeValue("
category"));
        System.out.println("书名:"+ book.getChildText("ti-
tle"));
        System.out.println("作者:"+ book.getChildText("au-
thor"));
        System.out.println("价格:"+ book.getChildText("
price"));
      }
    } catch (JDOMException | IOException e) {
      e.printStackTrace();
    }
  }
}
```

在 book. xml 文档中添加一个 book 节点，并保存为 book2. xml 文档，实例代码示例如下。

```
public class JDOMTest2 {
  public static void main(String[] args) {
    try {
      SAXBuilder sb = new SAXBuilder();
      Document doc= sb.build("xmlResource/books.xml");
      Element root= doc.getRootElement();
      Element book= new Element("book");
      Element title= new Element("title").addContent("XML 编程");
      Element author= new Element("author").addContent("TOM");
      Element price= new Element("price").addContent("25");
      book.setAttribute("category","科技");
      book.addContent(title);
      book.addContent(author);
      book.addContent(price);
      root.addContent(book);
      XMLOutputter xmlOut = new XMLOutputter();
      xmlOut.output(doc,new FileOutputStream("xmlResource/
books2.xml"));
      System.out.println("保存成功!");
    } catch (Exception e) {
      e.printStackTrace();
    }
  }
}
```

8.4 本章小结

本章概述了 Java XML 编程的常用的技术。JAXP(Java API for XML Processing，即处理 XML 的 Java API)是 Java XML 程序设计的应用程序接口之一，支持 DOM 和 SAX 标准。JAXP 的特点是不与任何具体的 XML 解析器耦合，因而使得应用程序可以在各种解析器之间轻松切换而无须修改源代码。由于 JAXP 存在许多缺陷，于是 Java 领域又出现了两个开源的 XML 解析器：dom4j 和 JDOM。

dom4j 针对 Java 开发人员而设计，所以对于 Java 开发人员来说，使用 dom4j 要比使用 DOM 更加方便。dom4j 最大的特色是使用大量的接口，采用面向接口编程的方式来处理 XML 文档解析。

JDOM 直接为 JAVA 编程服务，它利用更为强有力的 JAVA 语言的诸多特性（方法重载、集合概念以及映射），把 SAX 和 DOM 的功能有效地结合起来。dom4j 主要面向接口编程，而 JDOM 则面向实现类编程。

8.5 习　　题

一、选择题

1. 下述关于 DOM 和 SAX 的说法中错误的是（　　）。

A. SAX 是事件驱动的解析方式，当解析到元素开始或结束、文本、文档的开始或结束等标记时，会触发相应的事件

B. 使用 DOM 方式需要的内存更大

C. SAX 方式需要读入整个 XML 文档，并在内存中构造一棵完整的树形结构

D. SAX 和 DOM 方式可以同时使用

2. 下述关于 SAX 的描述，错误的是（　　）。

A. SAX 是 Simple API for XML 的缩写

B. SAX 并不需要读入整个 XML 文档

C. SAX 是基于事件驱动的，适于处理大文件

D. SAX 比 DOM 方式更高，功能更丰富

3. 下述关于 SAX 与 DOM 的比较，错误的是（　　）。

A. DOM 是基于对象的，SAX 是基于流式的

B. DOM 需要读入整个 XML 文档才能处理，SAX 是边读取边解析

C. 相对于 DOM，SAX 适于处理大型的 XML 文件

D. DOM 和 SAX 都是 Java 特有的 XML 解析方式

二、上机题

1. 使用 dom4j 解析以下 XML 通讯录文档，输出通讯录中所有的个人信息。

```
< ? xml version= "1.0" encoding= "UTF-8"? >
< 通讯录>
```

```
    < 个人信息 分类= "同学">
        < 姓名> 张小明< /姓名>
        < 性别> 男< /性别>
        < 出生年月> 1994- 01- 03< /出生年月>
        < 移动电话> 13512345678< /移动电话>
        < 办公电话> 68457344< /办公电话>
        < QQ> 157433822< /QQ>
        < Email> 157433822@ qq.com< /Email>
        < 家庭住址> 江北某小区< /家庭住址>
        < 工用单位> 中国石油< /工用单位>
    < /个人信息>
    < 个人信息 分类= "客户">
        < 姓名> 李大朋< /姓名>
        < 性别> 男< /性别>
        < 出生年月> 1993- 11- 03< /出生年月>
        < 移动电话> 13512345678< /移动电话>
        < 办公电话> 68457344< /办公电话>
        < QQ> 157433822< /QQ>
        < Email> 157433822@ qq.com< /Email>
        < 家庭住址> 江南某小区< /家庭住址>
        < 工用单位> 长安汽车< /工用单位>
    < /个人信息>
< /通讯录>
```

2. 使用 JDOM 解析上题中的 XML 通讯录文档，输出通讯录中所有的个人信息。

第 9 章　Web Service 基础

9.1　Web Service 简介

9.1.1　什么是 Web Service

近几年来，Internet 的迅猛发展使其成为全球信息传递与共享的巨大的资源库。越来越多的网络环境下的 Web 应用系统被建立起来，利用 HTML、CGI 等 Web 技术可以轻松地在 Internet 环境下实现电子商务、电子政务等多种应用。然而这些应用可能分布在不同的地理位置，使用不同的数据组织形式和操作系统平台，加上应用不同所造成的数据不一致性，使得如何将这些高度分布的数据集中起来并得以充分利用成为急需解决的问题。

随着网络技术、网络运行理念的发展，人们提出一种新的利用网络进行应用集成的解决方案——Web Service。Web Service 是一种新的 Web 应用程序分支，其可以执行从简单的请求到复杂商务处理的任何功能。一旦部署以后，其他 Web Service 应用程序可以发现并调用它部署的服务。因此，Web Service 是构造分布式、模块化应用程序和面向服务应用集成的最新技术和发展趋势。

Web Service 是一个平台独立的、低耦合的、自包含的、基于可编程的 Web 的应用程序，可使用开放的 XML 标准来描述、发布、发现、协调和配置这些应用程序，用于开发分布式的互操作的应用程序。Web Service 技术能使得运行在不同机器上的不同应用无须借助附加的、专门的第三方软件或硬件，就可相互交换数据或集成。依据 Web Service 规范实施的应用之间，无论它们所使用的语言、平台或内部协议是什么，都可以相互交换数据。

XML 是 Web Service 平台中表示数据的基本格式。除了易于建立和易于分析外，XML 主要的优点在于它既与平台无关，又与厂商无关。Web

Service 平台使用 XSD 来作为标准的类型系统，用于沟通不同平台、编程语言和组件模型中的不同数据类型。当某种语言如 VB. NET 或 C# 来构造一个 Web Service 时，为了符合 Web Service 标准，所有的数据类型都必须被转换为 XSD 类型。

Web Service 实现了不同的系统之间能够用“软件一软件对话”的方式相互调用，打破了软件应用、网站和各种设备之间的格格不入的状态，实现“基于 Web 无缝集成”的目标。

9.1.2 Web Service 协议

为了让 Web Service 平台中表示的 XML 数据能够在使用不同平台和不同软件的不同组织间传递，Web Service 平台需要一套协议来实现分布式应用程序的创建。SOAP(Simple Object Access Protocol)、WSDL(Web Services Description Language)、UDDI(Universal Description Discovery and Integration)被称为 Web Service 三要素。SOAP 用来描述传递信息的格式，WSDL 用来描述如何访问具体的接口，UDDI 用来管理，分发，查询 Web Service。

1. SOAP

SOAP(Simple Object Access Protocol)即简单对象访问协议，是交换数据的一种协议规范，是一种轻量的、简单的、基于 XML 的协议，它被设计成在 Web 上交换结构化的和固化的信息。它主要有以下几个方面的内容：

- SOAP 封装(envelop)，它定义了一个框架，描述消息中的内容是什么，是谁发送的，谁应当接受并处理它以及如何处理它们；
- SOAP 编码规则(encoding rules)，它定义了一种序列化机制，用于表示应用程序需要使用的数据类型的实例；
- SOAP RPC 表示(RPC representation)，它定义了一个协定，用于表示远程过程调用和应答；
- SOAP 绑定(binding)，它定义了 SOAP 使用哪种协议交换信息。使用 HTTP/TCP/UDP 协议都可以。

SOAP 消息基本上是从发送端到接收端的单向传输，但它们常常结合起来执行类似于请求/应答的模式。所有的 SOAP 消息都使用 XML 编码。一条 SOAP 消息就是一个包含有一个必需的 SOAP 的封装包，一个可选的 SOAP 标头和一个必需的 SOAP 体块的 XML 文档。把 SOAP 绑定到 HTTP 提供了同时利用 SOAP 的样式和分散的灵活性的特点以及显示了 HTTP 的丰富的特征库的优点。在 HTTP 上传送 SOAP 并不是说 SOAP 会覆盖现有的 HTTP 语义,而是 HTTP 上的 SOAP 语义会自然地映射到 HTTP 语义。在使用 HTTP 作为协议绑定的场合中,RPC 请求映射到 HTTP 请求上,而 RPC 应答映射到 HTTP 应答。然而,在 RPC 上使用 SOAP 并不仅限于 HTTP 协议绑定。SOAP 也可以绑定到 TCP 和 UDP 协议上。

2. WSDL

WSDL(Web Services Description Language)即 Web Service 描述语言,用于描述 Web Service 及其函数、参数和返回值,包含一系列描述某个 Web Service 的定义。WSDL 描述文档是基于 XML 的语言,所以 WSDL 既是机器可阅读的,又是人可阅读的。

WSDL 元素,基于 XML 语法描述了与服务进行交互的基本元素。

• Type(消息类型):数据类型定义的容器,它使用某种类型系统(如 XSD)。

• Message(消息):通信数据的抽象类型化定义,它由一个或者多个 Part 组成。

• Part:消息参数。

• Operation(操作):对服务所支持的操作进行抽象描述,WSDL 定义了四种操作:①单向(one-way):端点接受信息;②请求-响应(request-response):端点接受消息,然后发送相关消息;③要求-响应(solicit-response):端点发送消息,然后接受相关消息;④通知(notification):端点发送消息。

• Port Type(端口类型):特定端口类型的具体协议和数据格式规范。

• Binding:特定端口类型的具体协议和数据格式规范。

• Port:定义为绑定和网络地址组合的单个端点。

• Service:相关端口的集合,包括其关联的接口、操作、消息等。

3. UDDI

UDDI(Universal Description Discovery and Integration)即统一描述、发现和集成协议,UDDI 是一种规范,它主要提供基于 Web 服务的注册和发现机制,为 Web 服务提供三个重要的技术支持:①标准、透明、专门描述 Web 服务的机制;②调用 Web 服务的机制;③可以访问的 Web 服务注册中心。

9.2 SOAP 协议简介

9.2.1 SOAP 语法

一条 SOAP 消息就是一个普通的 XML 文档，它包含下列元素：

- 必需的 Envelope 元素，可把此 XML 文档标识为一条 SOAP 消息；
- 可选的 Header 元素，包含头部信息；
- 必需的 Body 元素，包含所有的调用和响应信息；
- 可选的 Fault 元素，提供有关在处理此消息所发生错误的信息。

SOAP 协议语法：

- SOAP 消息必须用 XML 来编码；
- SOAP 消息必须使用 SOAP Envelope 命名空间；
- SOAP 消息必须使用 SOAP Encoding 命名空间；
- SOAP 消息不能包含 DTD 引用；
- SOAP 消息不能包含 XML 处理指令。

SOAP 消息的基本结构为

```
< ? xml version= "1.0"? >
< soap:Envelope
xmlns:soap= "http://www.w3.org/2001/12/soap- envelope"
soap:encodingStyle= "http://www.w3.org/2001/12/soap- encoding">
  < soap:Header>
  ...
  < /soap:Header>
  < soap:Body>
  ...
    < soap:Fault>
    ...
    < /soap:Fault>
  < /soap:Body>
< /soap:Envelope>
```

9.2.2 SOAP 元素

1. Envelope 元素

SOAP 的 Envelope 元素是 SOAP 消息的根元素。它可把 XML 文档定义为 SOAP 消息。Envelope 元素的定义为

```
< ? xml version= "1.0"? >
< soap:Envelope
xmlns:soap= "http://www.w3.org/2001/12/soap- envelope"
soap:encodingStyle= "http://www.w3.org/2001/12/soap- encoding">
  ...
  Message information goes here
  ...
< /soap:Envelope>
```

xmlns:soap 命名空间

SOAP 消息必须拥有与命名空间"http://www.w3.org/2001/12/soap—envelope"相关联的一个 Envelope 元素。如果使用了不同的命名空间,应用程序会发生错误,并抛弃此消息。

encodingStyle 属性

SOAP 的 encodingStyle 属性用于定义在文档中使用的数据类型。此属性可出现在任何 SOAP 元素中,并会被应用到元素的内容及元素的所有子元素上。SOAP 消息没有默认的编码方式。

2. SOAP Header 元素

SOAP Header 元素可包含有关 SOAP 消息的应用程序专用信息(比如认证、支付等)。如果 Header 元素被提供,则它必须是 Envelope 元素的第一个子元素。

如下所示的 XML 文档为一个 SOAP 消息片段。

```
< ? xml version= "1.0"? >
< soap:Envelope
xmlns:soap= "http://www.w3.org/2001/12/soap- envelope"
soap:encodingStyle= "http://www.w3.org/2001/12/soap- encoding">
< soap:Header>
< m:Trans
```

```
xmlns:m= "http://www.examplexml.com.cn/transaction/"
soap:mustUnderstand= "1"> 234< /m:Trans>
< /soap:Header>
...
< /soap:Envelope>
```

上面的例子包含了一个带有一个 "Trans"元素的头部，它的值是 234，此元素的 "mustUnderstand" 属性的值是 "1"。

SOAP 在默认的命名空间中（"http://www.w3.org/2001/12/soap－envelope"）定义了三个属性。这三个属性是：actor，mustUnderstand 以及 encodingStyle。这些被定义在 SOAP 头部的属性可定义容器如何对 SOAP 消息进行处理。

actor 属性

通过沿着消息路径经过不同的端点，SOAP 消息可从某个发送者传播到某个接收者。并非 SOAP 消息的所有部分均打算传送到 SOAP 消息的最终端点。不过，另一个方面，也许打算传送给消息路径上的一个或多个端点。SOAP 的 actor 属性可被用于将 Header 元素寻址到一个特定的端点。

mustUnderstand 属性

SOAP 的 mustUnderstand 属性可用于标识标题项对于要对其进行处理的接收者来说是强制的还是可选的。假如用户向 Header 元素的某个子元素添加了 "mustUnderstand＝1"，则它可指示处理此头部的接收者必须认可此元素。假如此接收者无法认可此元素，则在处理此头部时必须失效。

encodingStyle 属性

如前所述，encodingStyle 属性用于定义在文档中使用的数据类型。

3. SOAP Body 元素

SOAP Body 元素可包含打算传送到消息最终端点的实际 SOAP 消息。

SOAP Body 元素的直接子元素可以是合格的命名空间。SOAP 在默认的命名空间中（"http://www.w3.org/2001/12/soap－envelope"）定义了 Body 元素内部的一个元素。即 SOAP 的 Fault 元素，用于指示错误消息。

```
< ? xml version= "1.0"? >
< soap:Envelope
xmlns:soap= "http://www.w3.org/2001/12/soap- envelope"
soap:encodingStyle= "http://www.w3.org/2001/12/soap- encoding">
```

```
<soap:Body>
  <m:GetPrice xmlns:m="http://www.examplexml.com.cn/prices">
    <m:Item>Apples</m:Item>
  </m:GetPrice>
</soap:Body>
</soap:Envelope>
```

上面的例子请求苹果的价格。请注意，上面的 m:GetPrice 和 Item 元素是应用程序专用的元素。它们并不是 SOAP 标准的一部分。

而一个 SOAP 响应应该类似这样：

```
<?xml version="1.0"?>
<soap:Envelope
xmlns:soap="http://www.w3.org/2001/12/soap-envelope"
soap:encodingStyle="http://www.w3.org/2001/12/soap-encoding">
<soap:Body>
  <m:GetPriceResponse xmlns:m="http://www.examplexml.com.cn/prices">
    <m:Price>1.90</m:Price>
  </m:GetPriceResponse>
</soap:Body>
</soap:Envelope>
```

4. SOAP Fault 元素

可选的 SOAP Fault 元素用于指示错误消息。

如果已提供了 Fault 元素，则它必须是 Body 元素的子元素。在一条 SOAP 消息中，Fault 元素只能出现一次。

SOAP 的 Fault 元素拥有如表 9-1 所示的子元素。

表 9-1 SOAP 的 Fault 元素拥有的子元素

子元素	描述
<faultcode>	供识别故障的代码
<faultstring>	可供人阅读的有关故障的说明
<faultactor>	有关是谁引发故障的信息
<detail>	存留涉及 Body 元素的应用程序专用错误信息

9.3　WSDL 简介

9.3.1　WSDL 文档结构

一个 WSDL 文档也是一个简单的 XML 文档，它包含一系列描述某个 web service 的定义，如 WSDL 端口、WSDL 消息、WSDL types 以及 WSDL Bindings 等。WSDL 文档内容由根元素<definitions>进行定义，主要包括<types>、<message>、<portType>和<binding>等元素。一个 WSDL 文档的结构如下。

```
< wsdl:definitions xmlns:wsdl= "http://schemas.xmlsoap.org/
wsdl/">

< wsdl:types>
  definition of types...
< /wsdl:types>

< wsdl:message>
  definition of a message...
< /wsdl:message>

< wsdl:portType>
  definition of a port...
< /wsdl:portType>

< wsdl:binding>
  definition of a binding...
< /wsdl:binding>

< /wsdl:definitions>
```

9.3.2　WSDL 基本元素

1. WSDL 消息

<message>元素定义一个操作的数据元素。每个消息均由一个或多

个部件组成。可以把这些部件比作传统编程语言中一个函数调用的参数。如以下实例所示，定义了一条名为 “newTermValues”的消息，此消息带有输入参数“term”和“value”。

```
< wsdl:message name= "newTermValues">
  < wsdl:part name= "term" type= "xs:string"/>
  < wsdl:part name= "value" type= "xs:string"/>
< /wsdl:message>

< wsdl:portType name= "glossaryTerms">
  < wsdl:operation name= "setTerm">
    < wsdl:input name= "newTerm" message= "tns:newTermValues"/>
  < /wsdl:operation>
< /wsdl:portType>
```

2. WSDL 端口

<portType>元素是最重要的 WSDL 元素，它描述一个 Web Service 可被执行的操作，以及相关的消息。端口定义了指向某个 web service 的连接点。可以把 <portType>元素比作传统编程语言中的一个函数库(或一个模块、或一个类)。

如以下实例所示，该实例中定义了一个名为“glossaryTerms”的端口，在这个端口中定义了一个名为“getTerm”的操作，该操作使用名为“termRequest”的消息作为输入，并返回一个名为"termResponse" 的输出消息。

```
< wsdl:message name= "termRequest">
  < wsdl:part name= "term" type= "xs:string"/>
< /wsdl:message>
< wsdl:message name= "termResponse">
  < wsdl:part name= "value" type= "xs:string"/>
< /wsdl:message>

< wsdl:portType name= "glossaryTerms">
  < wsdl:operation name= "getTerm">
    < wsdl:input message= " tns:termRequest"/>
    < wsdl:output message= " tns:termResponse"/>
  < /wsdl:operation>
< /wsdl:portType>
```

3. WSDL types

<types>元素定义Web Service使用的数据类型。为了最大限度地平台中立性，WSDL 使用 XML Schema 语法来定义数据类型。

4. WSDL Bindings

<binding>元素为每个端口定义消息格式和协议细节。<binding>元素有两个属性：name 属性和 type 属性。name 属性定义 binding 的名称，而 type 属性指向用于 binding 的端口。WSDL Bindings 定义如下。

```
< wsdl:binding name= "NewBinding" type= "tns:glossaryTerms">
  < soap:binding style= "document" transport= "http://sche-
mas.xmlsoap.org/soap/http"/>
  < wsdl:operation>
    < soap:operation soapAction= " http://example.com/getTerm"/>
    < wsdl:input>
      < soap:body use= "literal"/>
    < /wsdl:input>
    < wsdl:output>
      < soap:body use= "literal"/>
    < /wsdl:output>
  < /wsdl:operation>
< /wsdl:binding>
```

9.4 本章小结

本章介绍了什么是 Web Service 以及 Web Service 的主要协议。Web Service 是一个平台独立的、低耦合的、自包含的、基于可编程的 Web 的应用程序，可使用开放的 XML 标准来描述、发布、发现、协调和配置这些应用程序，用于开发分布式的互操作的应用程序。

SOAP(Simple Object Access Protocol)即简单对象访问协议，是交换数据的一种协议规范，是一种轻量的、简单的、基于 XML 的协议，它被设计成在 Web 上交换结构化的和固化的信息。

WSDL (Web Services Description Language)即 Web Service 描述语言，用于描述 Web Service 及其函数、参数和返回值，包含一系列描述某个

Web Service 的定义。

UDDI(Universal Description Discovery and Integration)即统一描述、发现和集成协议,UDDI 是一种规范,它主要提供基于 Web 服务的注册和发现机制。

9.5 习 题

一、选择题

1. 下列不属于 Web Service 涉及的主要标准和技术的是(　　)。

A. XML　　B. SOAP　　C. WSDL　　D. Java

2. 下列不属于 Web Service 特征的是(　　)。

A. Web Service 具有良好的封装性

B. Web Service 与使用者是松散耦合的

C. Web Service 具有高度的可集成性

D. Web Service 使用的协议非常简单,通常可以自行解析,不需要使用第三方的库

3. 关于 WSDL 的说法错误的是(　　)。

A. WSDL 是一种用于描述 Web Service 的语言

B. WSDL 与语言和平台无关,可用于描述使用任何语言实现的、部署在任何平台上的 Web Service

C. WSDL 的语法是基于 XML 的

D. WSDL 文档中只有 Web Service 的抽象定义,而没有具体的实现

4. 下面不属于 SOAP 的主要组成部分的选项是(　　)。

A. SOAP 信封　　B. SOAP 报头

C. SOAP 编码规则　　D. SOAP 绑定

5. 下面不是 WSDL 文档结构的关键要素是(　　)。

A. ＜definitions＞　　B. ＜types＞

C. ＜message＞　　D. ＜output＞

二、简答题

1. 什么是 Web Services?

2. Web Services 的主要技术及各种技术的作用。

第 10 章　Java Web Service 开发

10.1　Web Service 开发框架简介

目前开发 Web Service 的几个框架，主要为 Axis，Axis2，Xfire，CXF 以及 JAX-WS。其中 Axis2 与 CXF 比较常用，但 Axis 与 XFire 已随着技术不断的更替慢慢落幕，目前也只有 Axis2 和 CXF 官方有更新，Axis 与 XFire 都已不再更新。

Axis2 是 Apache 旗下的一个重量级 Web Service 框架，是一个 Web Services/SOAP/WSDL 的引擎，是 Web Service 框架的集大成者。Axis2 不但能制作和发布 Web Service，而且可以生成 Java 和其他语言版 Web Service 客户端和服务端代码，这是它的优势所在，但也不可避免地导致了 Axis2 的复杂性。

CXF 是 Apache 旗下一个重磅的 SOA 简易框架，它实现了 ESB(企业服务总线)。CXF 来自 XFire 项目，经过改造后形成的，就像目前的 Struts2 来自 WebWork 一样。CXF 不但是一个优秀的 Web Services/SOAP/WSDL 引擎，也是一个不错的 ESB 总线，为 SOA 的实施提供了一种选择方案。

JAX-WS(Java API for XML Web Services)规范是一组 XML Web Services 的 JAVA API，是一个完全基于标准的实现。JAX-WS 是 Sun 最新的 Web Services 协议栈，也是一个轻量级的 XML Web Services 开发框架。JAX-WS 允许开发者可以选择 RPC-oriented 或者 message-oriented 来实现自己的 Web Services。

在 JAX-WS 使用过程中，开发者不需要编写任何生成和处理 SOAP 消息的代码。JAX-WS 的运行时实现会将这些 API 的调用转换成为对应的 SOAP 消息。在服务器端，用户只需要通过 Java 语言定义远程调用所需要实现的接口 SEI(service endpoint interface)，并提供相关的实现，通过调用 JAX-WS 的服务发布接口就可以将其发布为 Web Service 接口。在客户端，用户可以通过 JAX-WS 的 API 创建一个代理(用本地对象来替代远程的服务)来实现对于远程服务器端的调用。

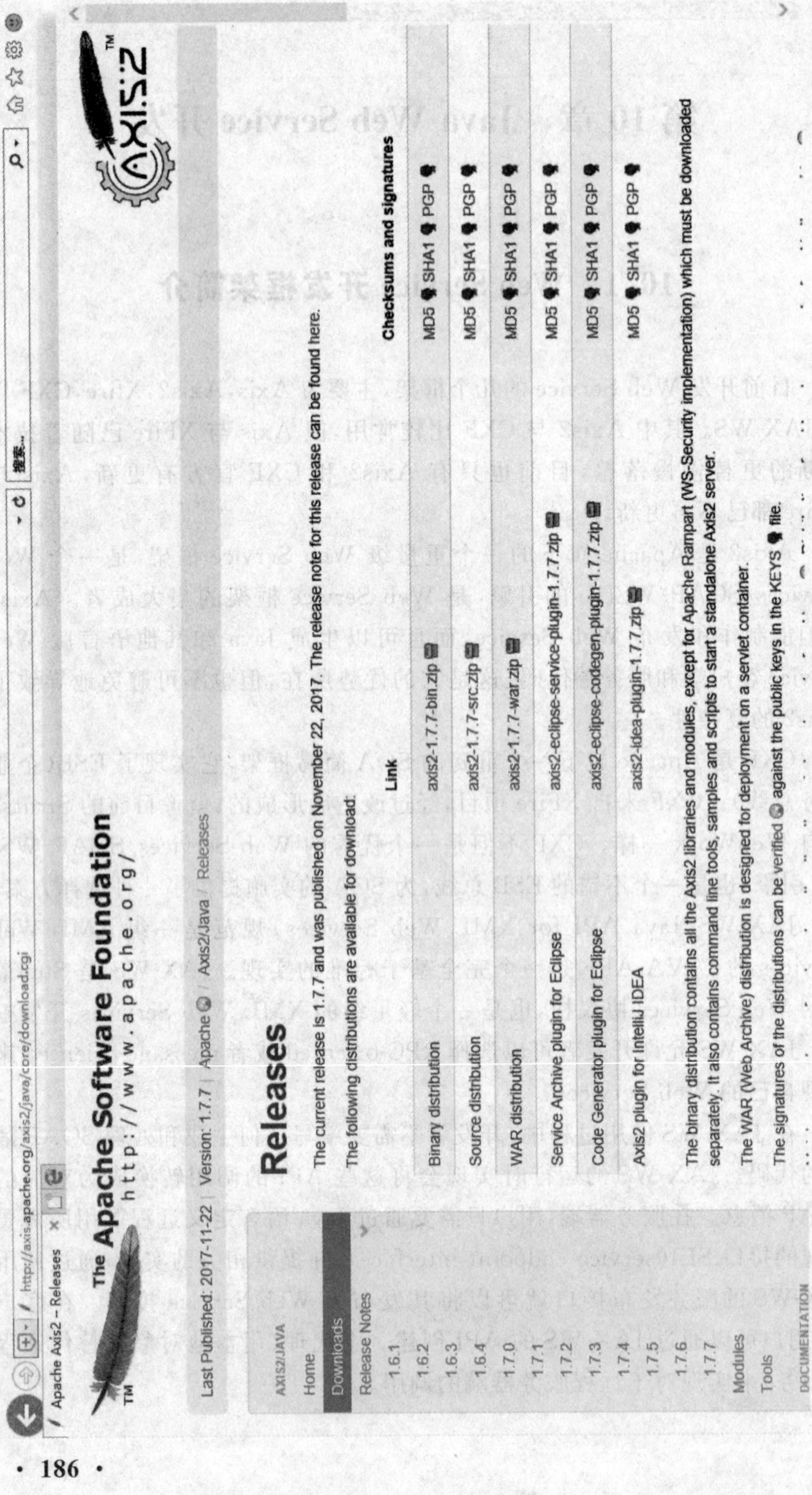

图10.1　下载Axis2安装包

10.2　Axis2 Web Service 开发

1. 安装 Axis2 插件

进入以下网址下载最新版 Axis2 插件(图 10.1)。

http://axis.apache.org/axis2/java/core/download.cgi

下载成功后,将 Axis2 的压缩包解压到指定的目录或盘符(图 10.2)。

图 10.2　解压 Axis2 压缩包

在 Eclips 中设置 Axis2 runtime,点击菜单 Window－＞Prederences－＞Web Service－＞Axis2 Prederences 设置 Axis2 runtime(图 10.3)。

2. 创建 TomCat Server

打开 Eclipse,点击菜单 File－＞New－＞Other,选择新建 Server 向导,如图 10.4 所示。

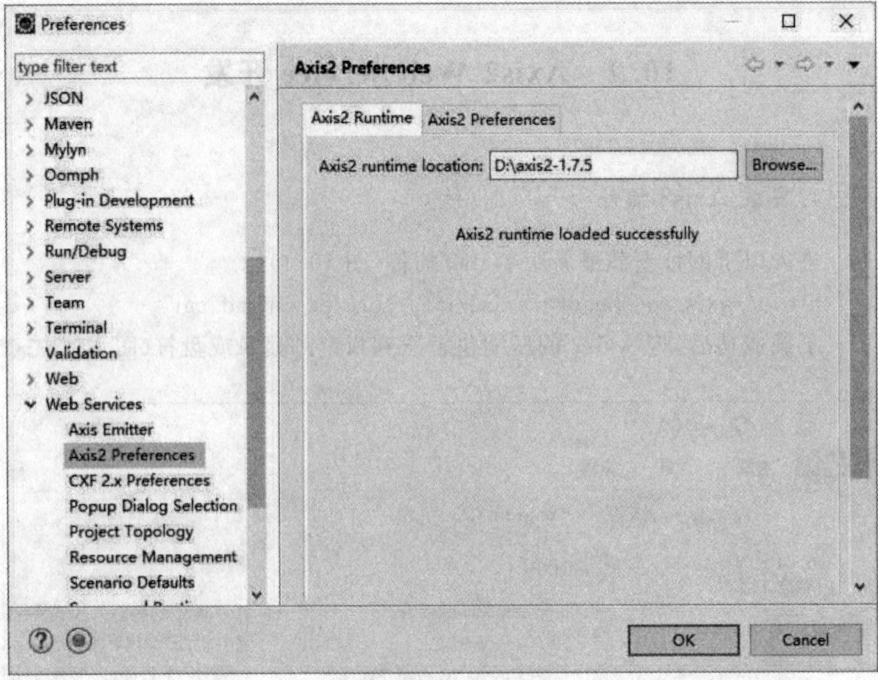

图 10.3　设置 Axis2 runtime

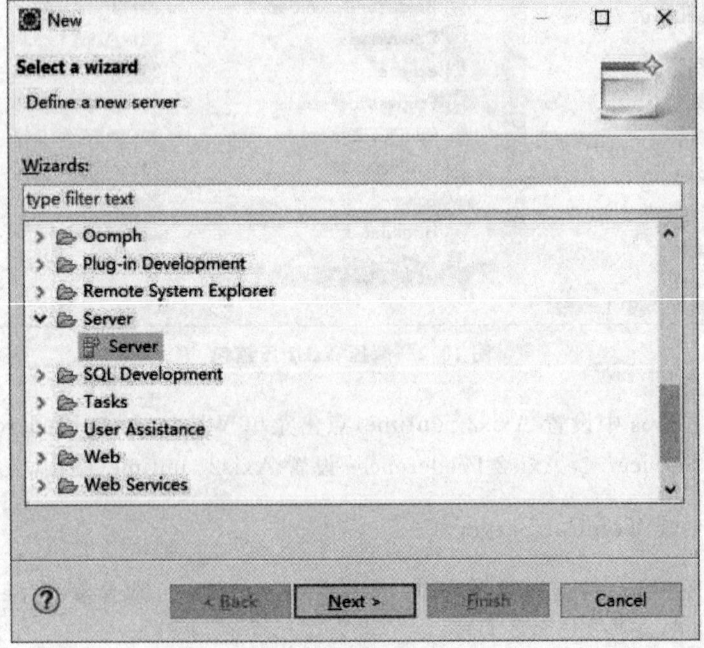

图 10.4　创建 Tomcat 服务器

点击“Next”进入下一个对话框，根据已安装的 Tomcat 的版本选择一种合适的服务类型，如图 10.5 所示。

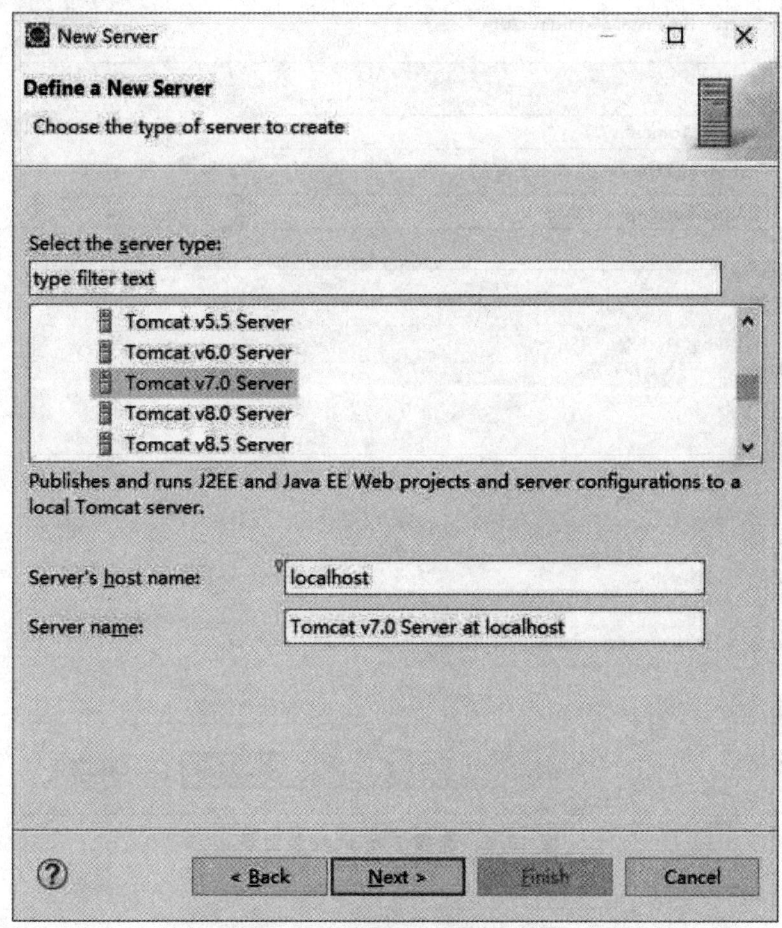

图 10.5 选择 Tomcat 版本

点击“Next”进入下一个对话框，设置 Tomcat 的安装目录，选择一个合适的 JRE 版，如图 10.6 所示。

点击“Finish”完成 Tomcat 服务器设置，主要用于开发和调试 Web 项目，完成设置如图 10.7 所示。

3. 创建一个动态 Web Project

打开 Eclipse，点击菜单 File→New→Dynamic Web Project 新建一个动态 Web 项目，如图 10.8 所示。

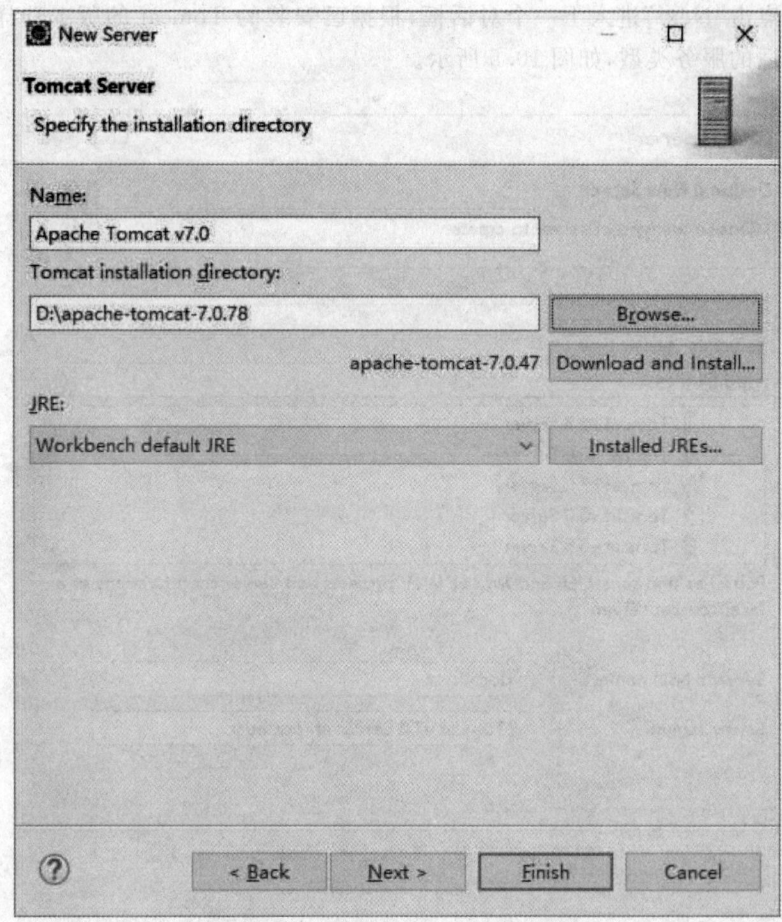

图 10.6　选择 Tomcat 安装目录

Project Explorer
Servers
Tomcat v7.0 Server at localhost-config
catalina.policy
catalina.properties
context.xml
server.xml
tomcat-users.xml
web.xml
JSR-109 Web Services

图 10.7　Tomcat 服务器配置

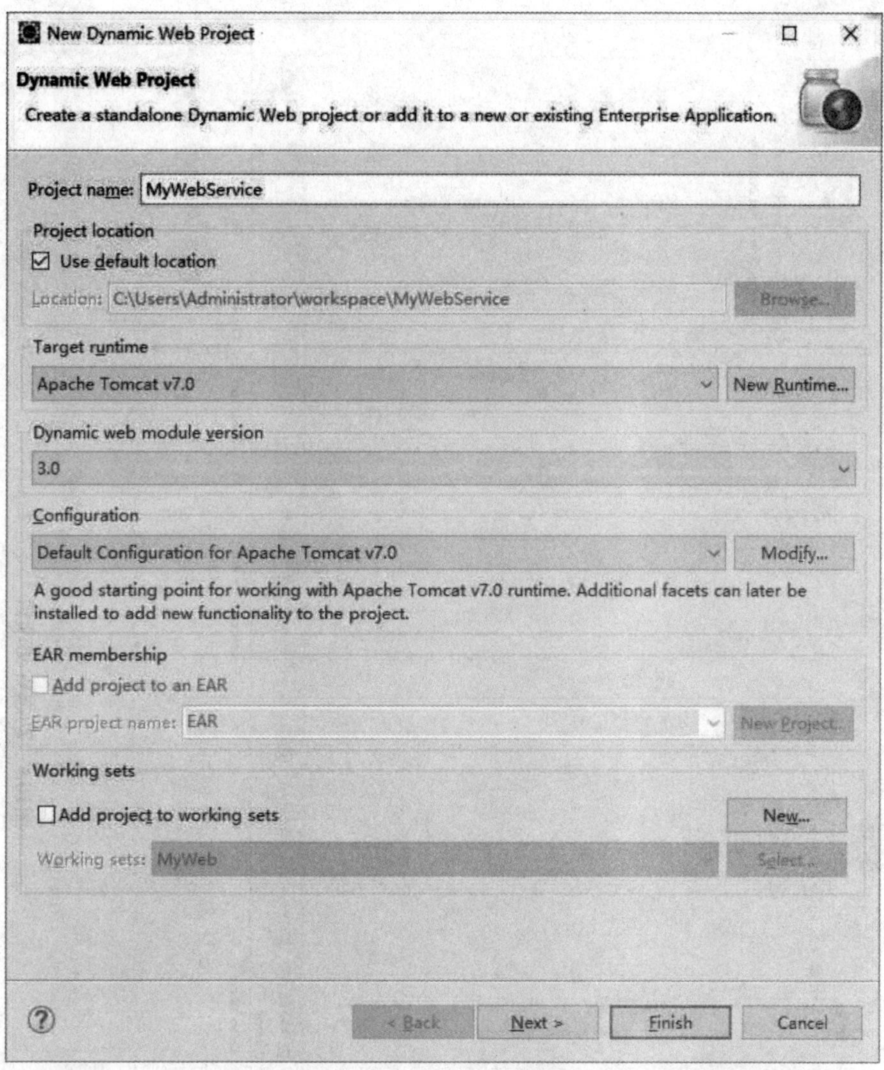

图 10.8　新建一个动态 Web 项目

设置项目名称、项目文件所在位置，点击“Finish”完成动态 Web 项目的创建，如图 10.9 所示。

4. 在动态 Web 项目中创建类

右键点项目名称，选择 New→Class 新建类，命名“HelloWorld”，如图 10.10 所示。

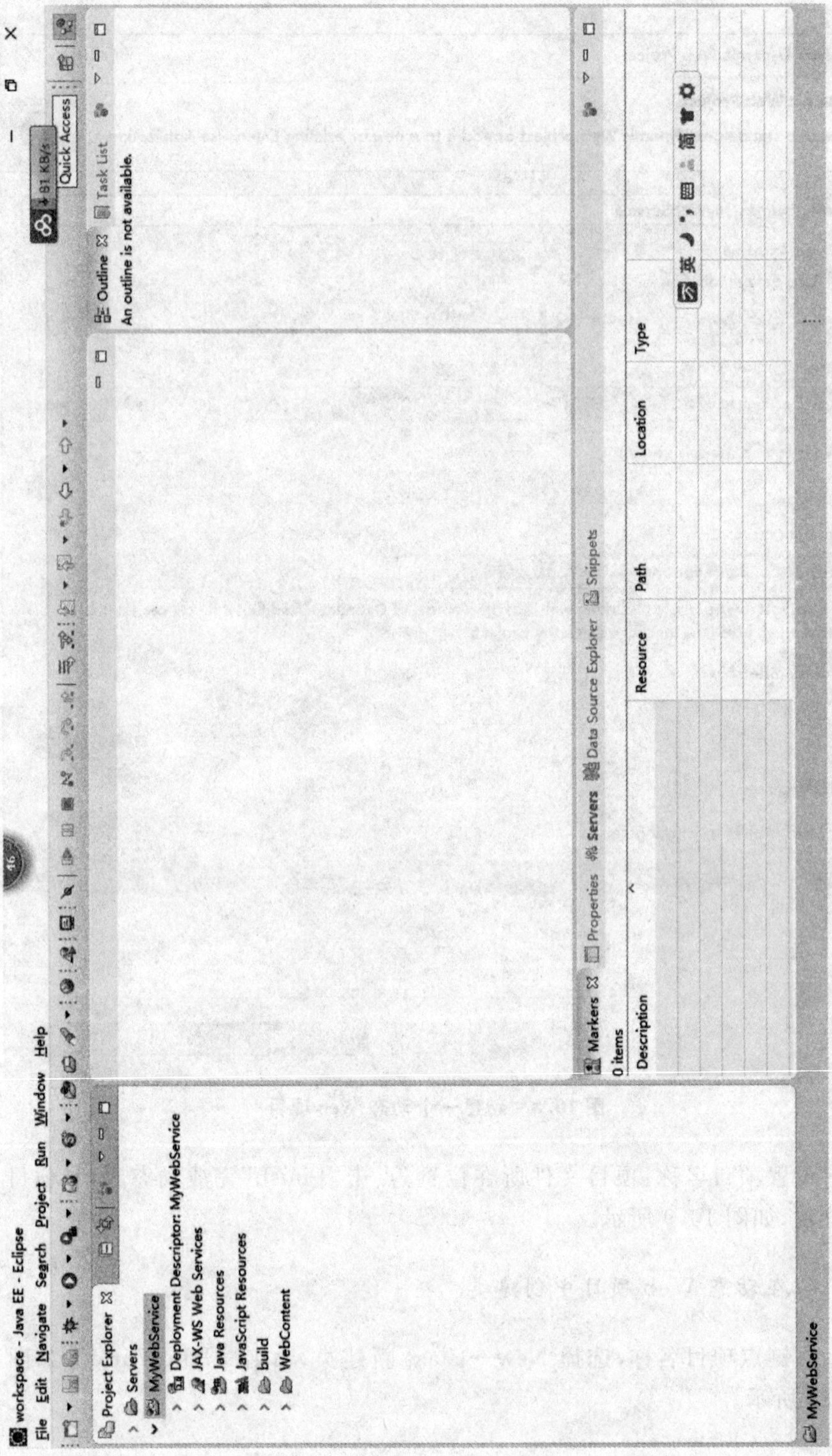

图10.9 动态Web项目

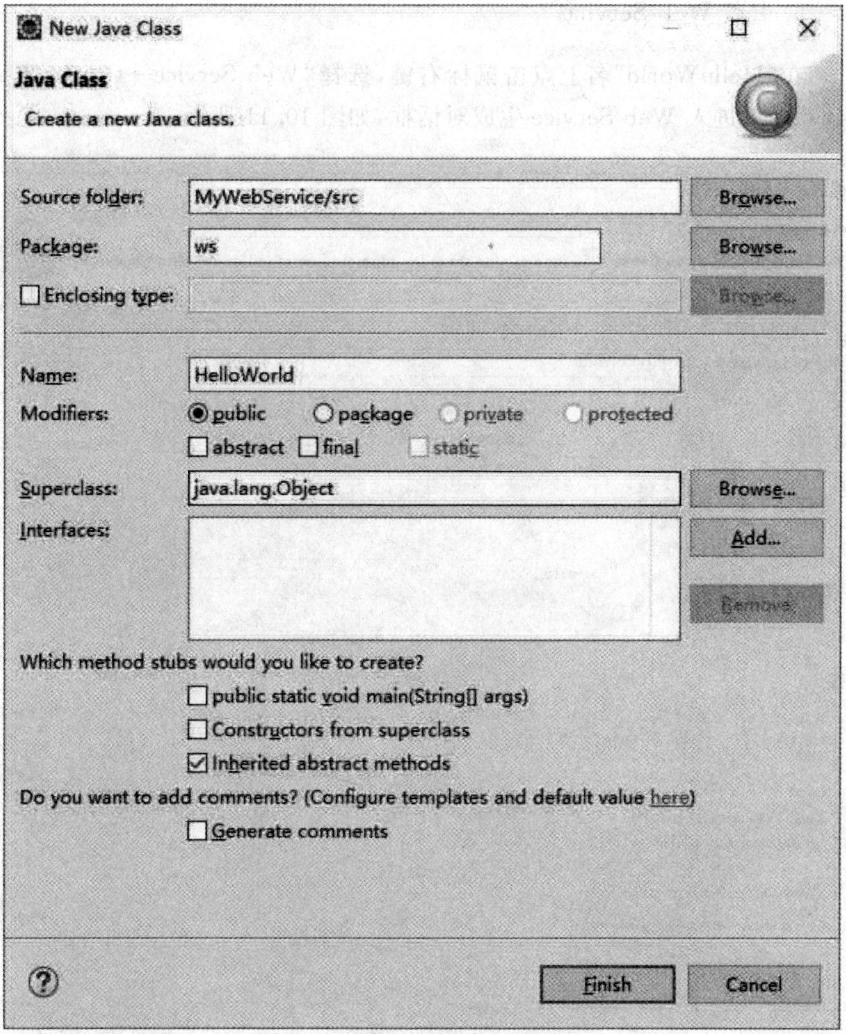

图 10.10 新建 HelloWorld 类

在"HelloWorld"类中新建一个方法命名为"sayHello",输入代码如下。

```
package ws;
public class HelloWorld {
  public String sayHello(String name){
    return "Hello:"+ name;
  }
}
```

5. 生成 Web Service

在“HelloWorld”名上点击鼠标右键，选择“Web Service→Create Web Services”，进入 Web Service 生成对话框，如图 10.11 所示。

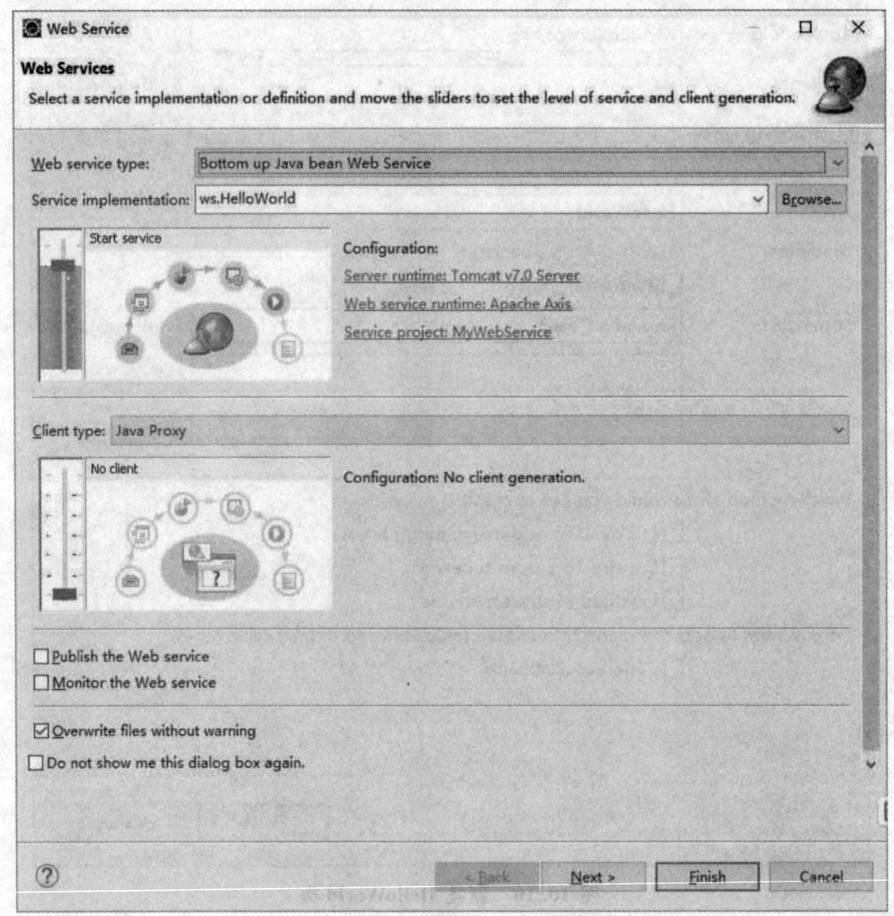

图 10.11 生成 Web Service

在配置选项 Configuration 中点击“Web service runtime”进入 Web Service 部署选项，选择“Apache Axis”，如图 10.12 所示。

点击“OK”完成 Web Service 部署框架设置，点击“Next”进入 Web Service Java Bean 设置，在“Methods”选项中选择“sayHello”作为将要发布的 Web 服务方法，如图 10.13 所示。

设置完 Web Service Java Bean 配置选择后，点击“Next”进入 Web Service 服务启动对话框，如图 10.14 所示。

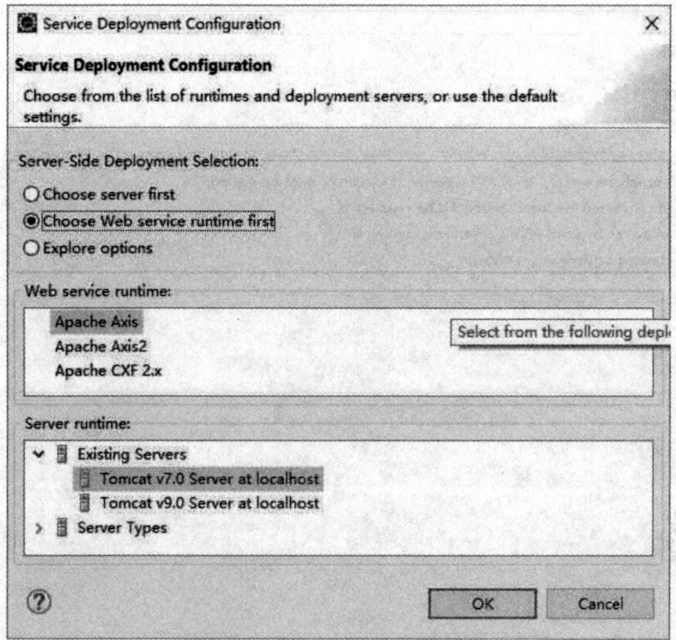

图 10.12 Web Service 部署选项

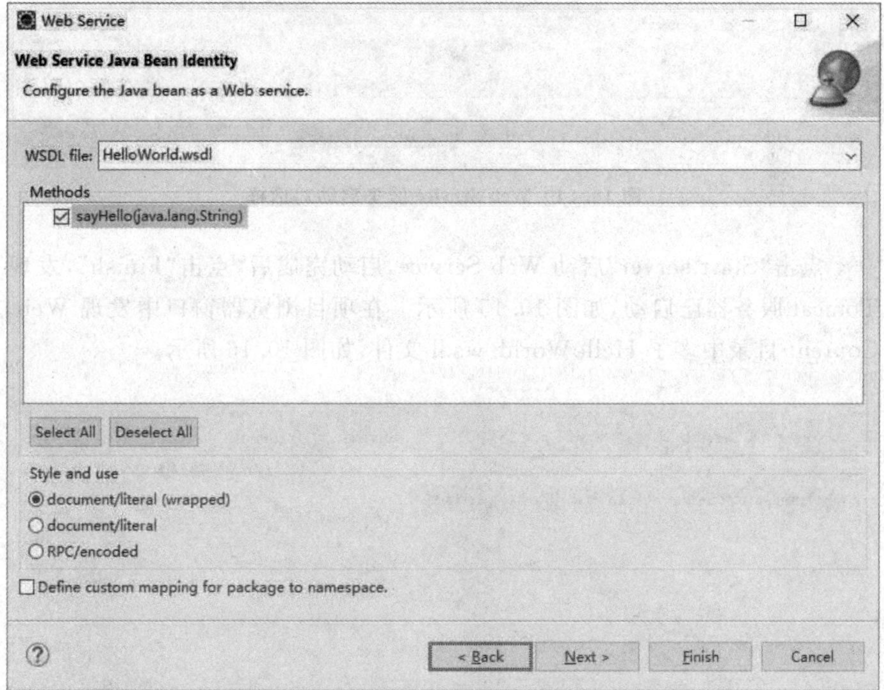

图 10.13 Web Service Java Bean 设置

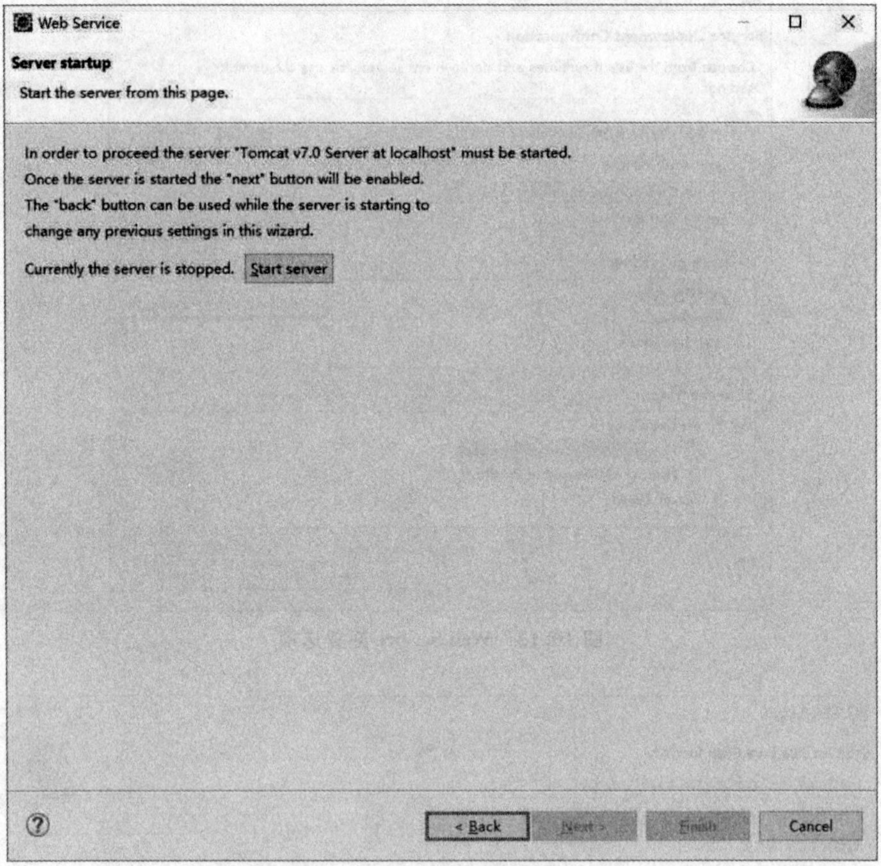

Web Service
Server startup
Start the server from this page.
In order to proceed the server "Tomcat v7.0 Server at localhost" must be started.
Once the server is started the "next" button will be enabled.
The "back" button can be used while the server is starting to
change any previous settings in this wizard.
Currently the server is stopped.
Start server
< Back
Next >
Finish
Cancel

图 10.14　Web Service 服务启动对话框

点击“Start server”启动 Web Service，启动完成后，点击“Finish”，发现 Tomcat 服务器已启动，如图 10.15 所示。在项目浏览器窗口中发现 Web-Content 目录中多了 HelloWorld.wsdl 文件，如图 10.16 所示。

Markers
Servers
Data Source Explorer
Snippets
Problems
Console
Tomcat v7.0 Server at localhost [Started, Restart]

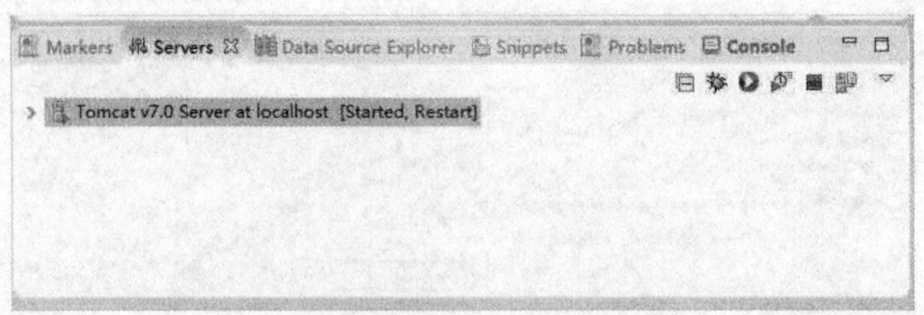

图 10.15　Web Service 服务已启动

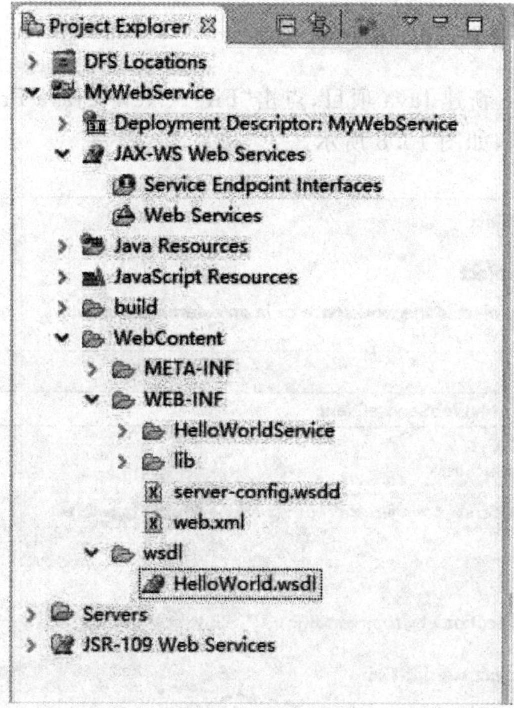

图 10.16　Web Service 服务器描述 wsdl

打开 IE 浏览器输入网址 http://127.0.0.1:8080/MyWebService/services 测试 Web Service 服务器是否启动成功，出现如图 10.17 所示界面，Web Service 服务启动成功。

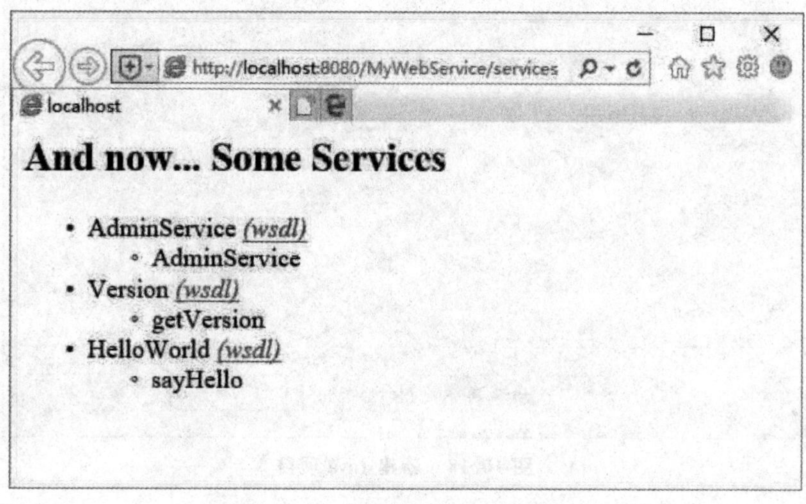

图 10.17　浏览 Web Service 服务

6. 创建 Web Service 客户端代理

打开 Eclipse 新建 Java 项目，点击“File→New→Java Project”进入新建 Java 项目对话框，如图 10. 8 所示。

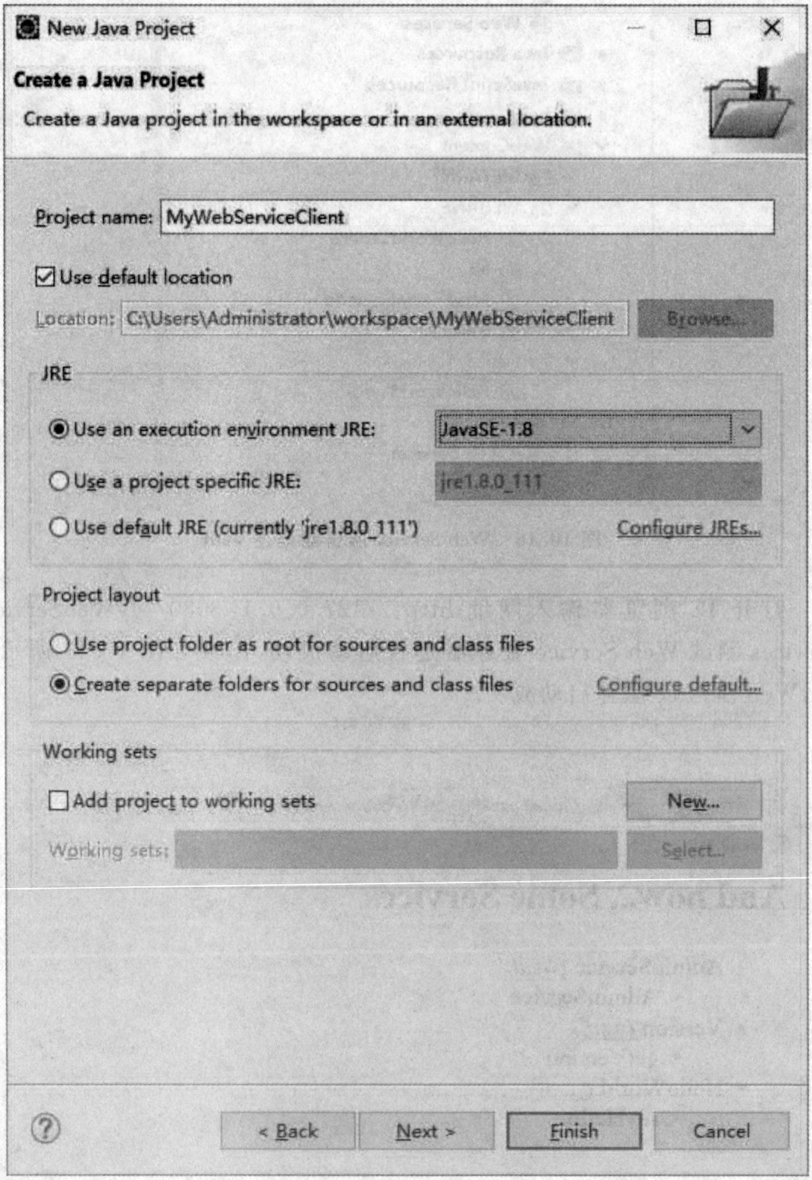

图 10. 18 新建 Java 项目

点击“File→New→Other”，选择“Web Service Client”，新建 Web Service 客户端代理，如图 10.19 所示。

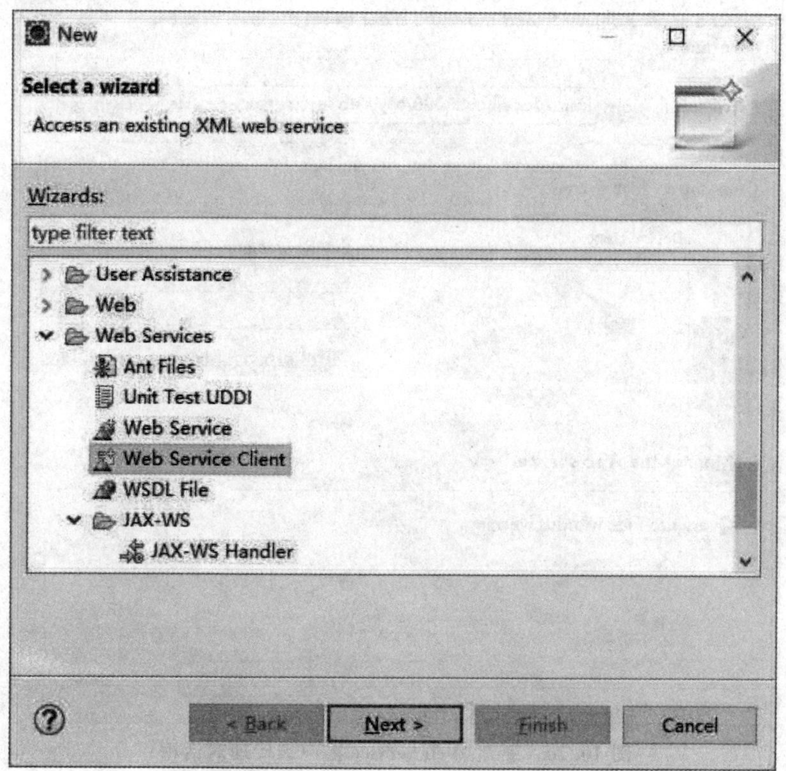

图 10.19　新建 Web Service 客户端代理

选择“Web Service Client”模板，点击“Next”进入新建 Web Service 客户端代理对话框，如图 10.20 所示，在 Service definition 输入框中地址 HelloWebService 的 WSDL 网址“http://localhost: 8080/MyWebService/services/HelloWebService? wsdl”。在 Configuration 选项中将 Web service runtime 设置为 Apache Axis。

完成以上设置，点击“Finish”，在项目中生成 Web Service 客户端代理类，如图 10.21 所示。

7. 创建 Web Service 客户端类

右键点击客户端项目名 MyWebService，选择“New→Class”，新建 Web Service 客户端类 Hello，如图 10.22 所示。

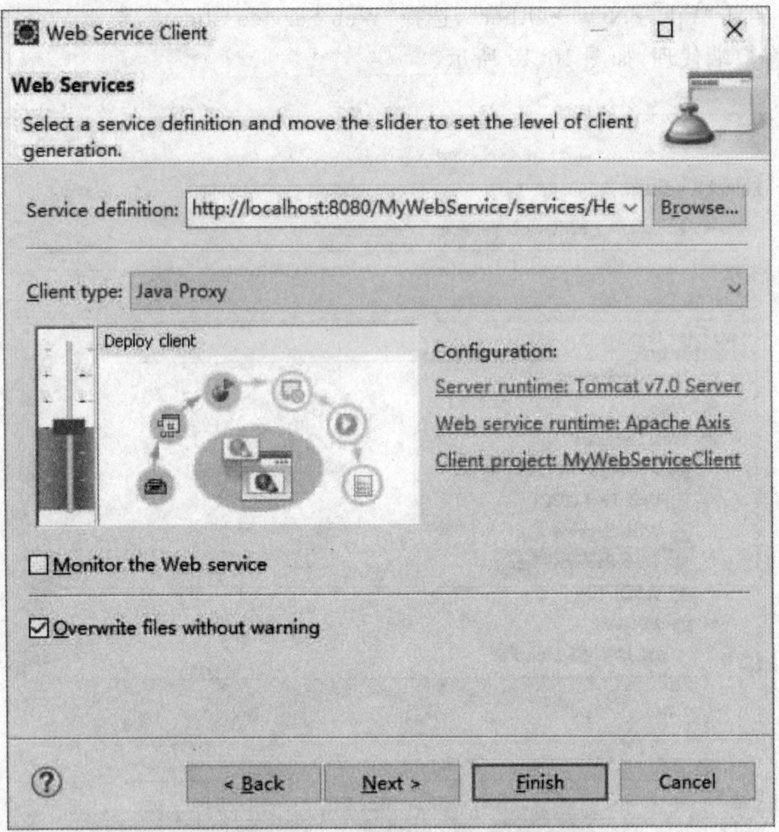

图 10.20 新建 Web Service 客户端代理对话框

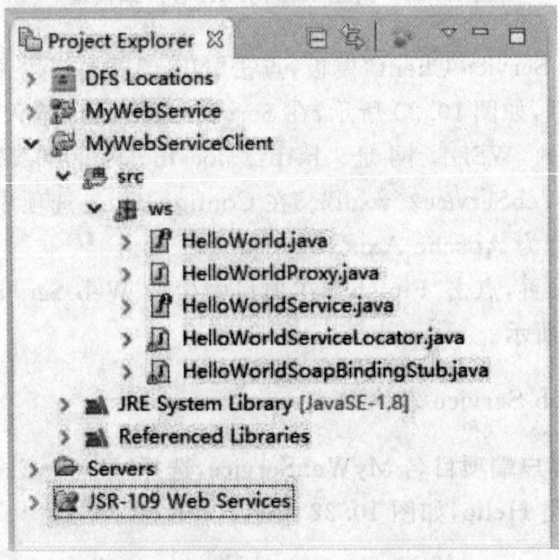

图 10.21 Web Service 客户端代理类

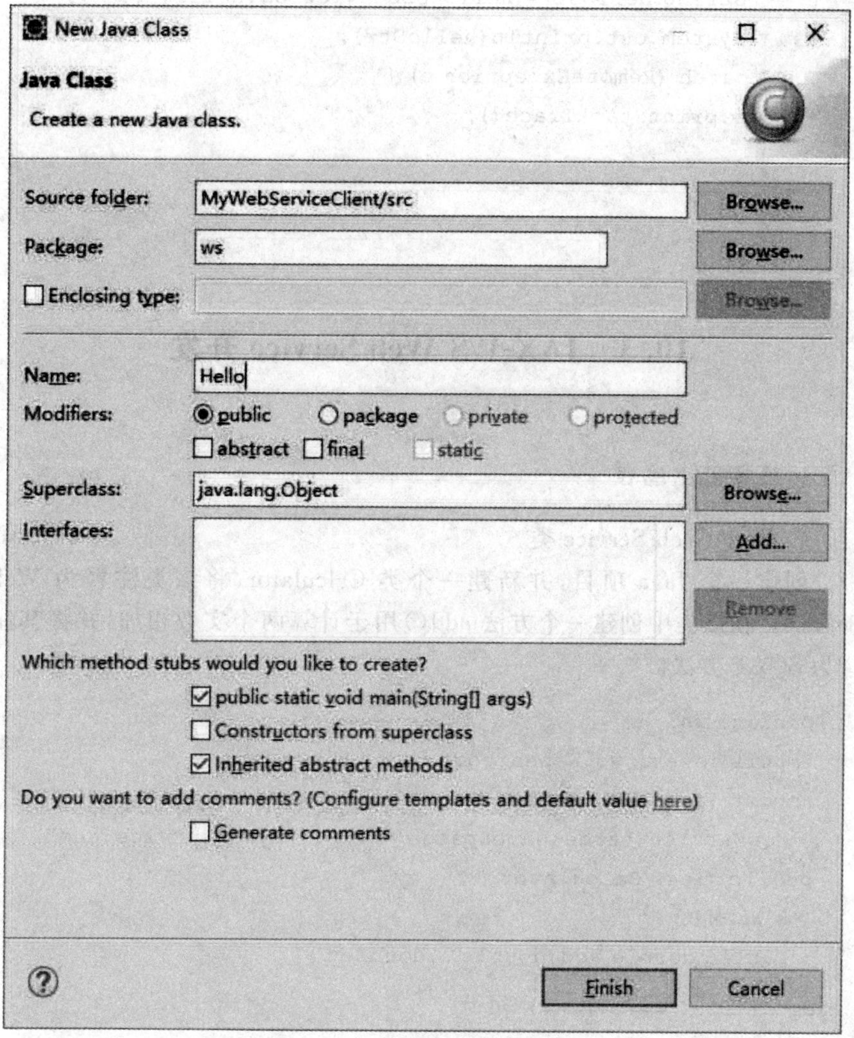

图 10.22　Web Service 客户端类

在客户端类的 main 方法中，使用 Web Service 代理类创建对象访问 Web 服务，代码如下。

```
package ws;
import java.rmi.RemoteException;
public class Hello {
  public static void main(String[] args) {
    HelloWorldProxy HelloWebService= new HelloWorldProxy();
    try {
```

```
            String helloStr= HelloWebService.sayHello("Tom");
            System.out.println(helloStr);
        } catch (RemoteException e) {
            e.printStackTrace();
        }
    }
}
```

10.3 JAX-WS Web Service 开发

1.服务器端编程

(1)新建 Web Service 类

创建一个 Java 项目,并新建一个类 Calculator,将该类注释为 Web Service。在该类中创建一个方法 add()用于计算两个实数相加,并将其注释为 SOAP 方法。

```
package ws;
import javax.jws.WebMethod;
import javax.jws.WebService;
@ WebService(targetNamespace= "http://mywebservice.com")
public class Calculator {
  @ WebMethod
  public double add(double a,double b){
    return a+ b;
  }
}
```

@Web Service

注释在 Class 之上,这告诉了 JAXWS,此类为 Web Service。

@WebMethod

注释在 public 方法上,这告诉了 JAXWS,此方法为 soap 方法。

(2)发布 Web Service

新一个类 PublishWeb Service,用于发布 Web Service。JDK 提供了一个工具 javax. xml. ws. Endpoint,它允许将任何一个用@Web Service 注释的类发布为 Web Service。

```
package ws;
import javax.xml.ws.Endpoint;
public class PublishWebService {
  public static void main(String[] args) {
    String address = "http://localhost:8080/calculator";
    Endpoint.publish(address,new Calculator());
    System.out.println("发布 webservice 成功!");
  }
}
```

(3)运行 Web Service

运行 Web Service 发布类 PublishWebService,打开 Web 浏览器输入端点的 URL,在 http 地址后面附加上参数 wsdl,如 http://localhost:8080/calculator? wsdl。浏览器显示 Web Service 的 WSDL 文件如图 10.23 所示,证明 Web Service 发布成功。

2.客户编程

(1)生成客户端代码

JDK 的 bin 目录下自带有一个工具 wsimport,该工具可以从一个 URL 地址或一个文本文件中读取 WSDL 生成客户端代码。在控制台输入以下命令,生成客户端实现代码,如图 10.24 所示。

```
wsimport - d.- keep http://localhost:8080/calculator? wsdl
```

—d 表示输出的目录

—keep 表示导出 Web Service 的 class 文件时是否也导出源代码 Java 文件。

生成客户端实现代码结构与@Web Service 注释中 targetNamespace 定义的目标名称空间正好相反,如图 10.25 所示。

(2)调用 Web Service

创建一个 Java 项目,将上一步生成的客户端实现代码拷入项目中的 src 目录中。注意:需要将整个目录结构全部拷入项目中。然后,新建一个类 WebServiceClient 用于调用服务器端的 Web 服务。

```
package ws.client;
import com.service.ws.* ;
public class WebServiceClient {
  public static void main(String[] args) {
```

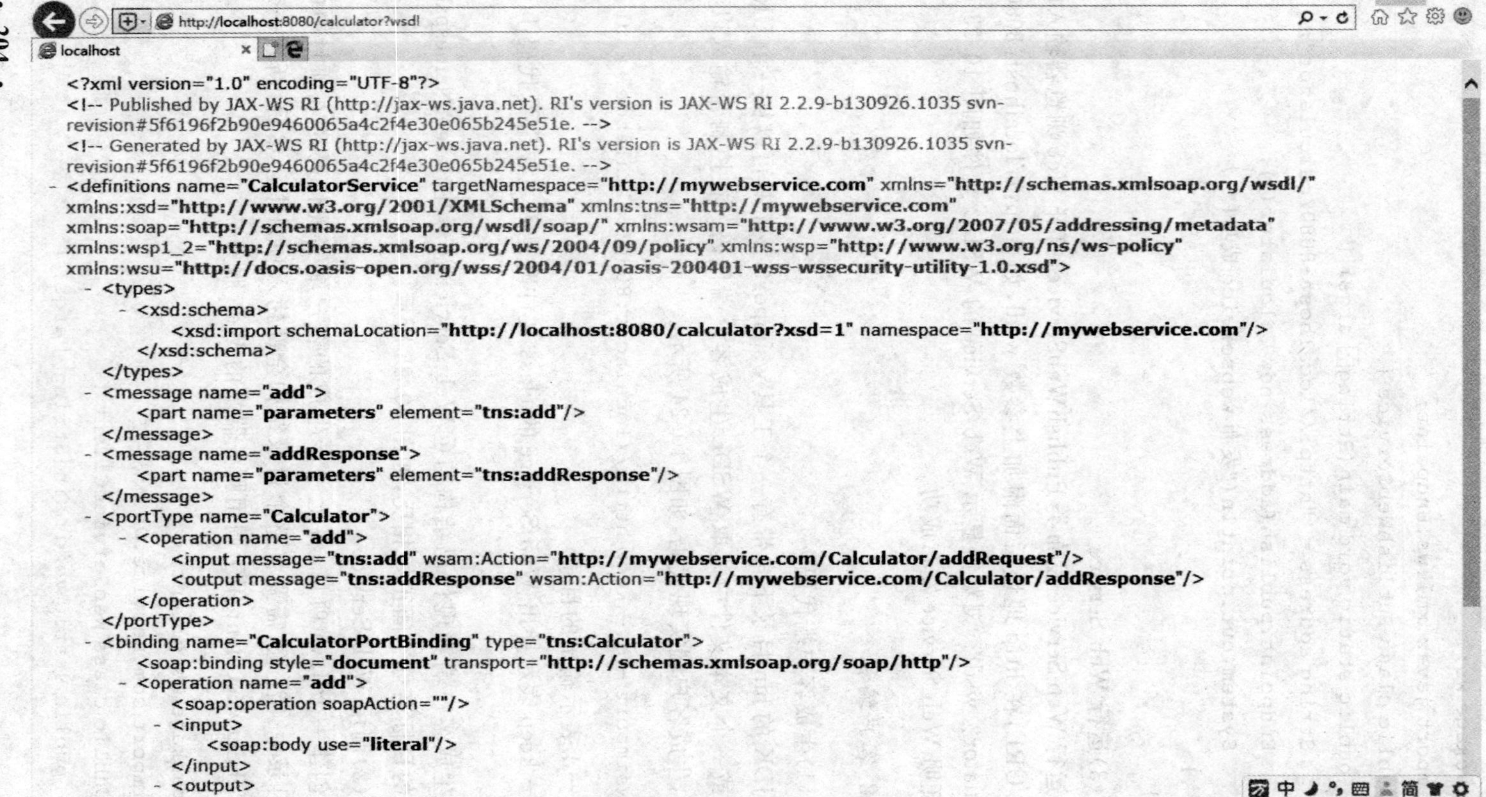

图10.23　浏览Web Service

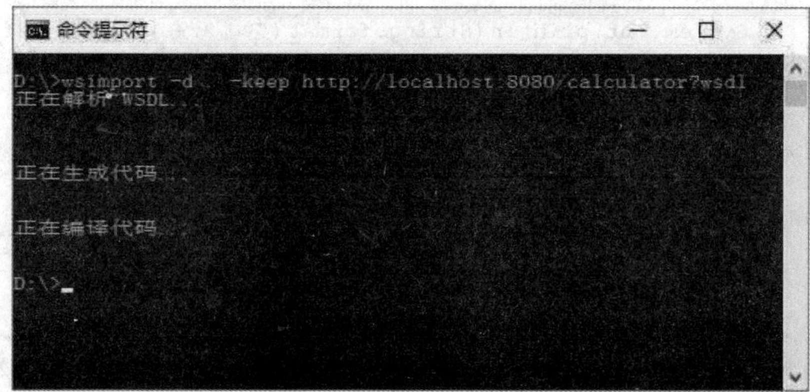

图 10.24　生成 Web Service 客户端代码

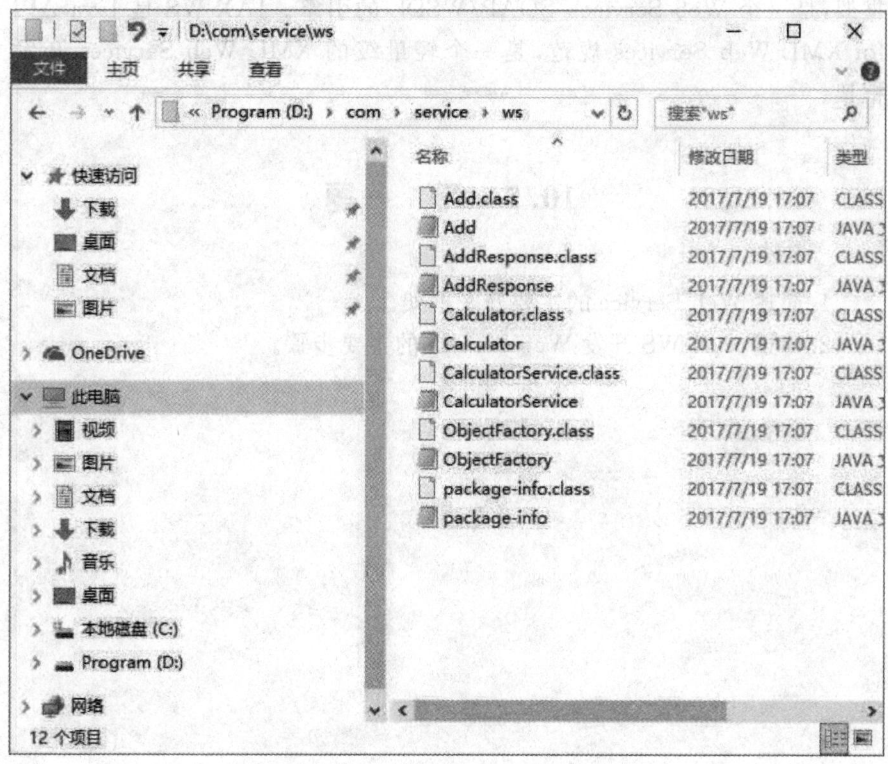

图 10.25　客户端代码目录结构

```
CalculatorService client= new CalculatorService();
Calculator calc=  client.getCalculatorPort();
double a= 3,b= 2,c;
```

```
        c= calc.add(a,b);
        System.out.println(String.format("% .2f+ % .2f= % .2f",
a,b,c));
      }
    }
```

10.4 本章小结

本章介绍 Web Service 开发的几个主要框架：Axis，Axis2，Xfire，CXF 以及 JAX-WS。其中，主要概述了 Axis2 Web Service 开发框架和 JAX-WS Web Service 开发框架。Axis2 是 Apache 旗下的一个重量级 Web Service 框架，是一个 Web Services/SOAP/WSDL 的引擎。JAX-WS 是 Java API for XML Web Services 规范，是一个轻量级的 XML Web Services 开发框架。

10.5 习　　题

1. 简述 Web Service 的主要开发框架。

2. 简述 JAX-WS 开发 Web Service 的主要步骤。

第 11 章　基于 Web Servicer 的在线投票系统

11.1　系统功能简介

11.1.1　系统功能模型

基于 Web Servicer 的在线投票系统主要包含两大功能“用户投票”和“投票管理”。其中“用户投票”功能由用户注册、用户登录、用户投票三个功能组成;“投票管理”由管理员使用,主要功能包含新增投票、删除投票、修改投票、开启投票和关闭投票五个功能,系统功能模型如图 11.1 所示。

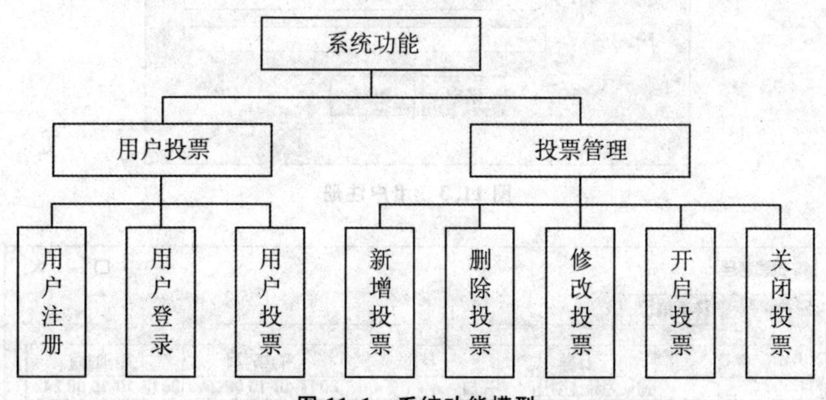

图 11.1　系统功能模型

11.1.2　系统功能界面

《在线投票系统》需要用户注册之后,用户输入用户名和密码登录到系统才能进行投票,用户登录界面如图 11.2 所示,用户注册界面如图 11.3 所示。

《在线投票系统》投票项目的增加修改需要管理员用户才能进行操作。管理员用户登录系统后,将自动进入到投票管理界面对投票项目进行管理,投票管理界面如图 11.4 所示,投票信息的增加修改界面如图 11.5 所示。

图 11.2　用户登录

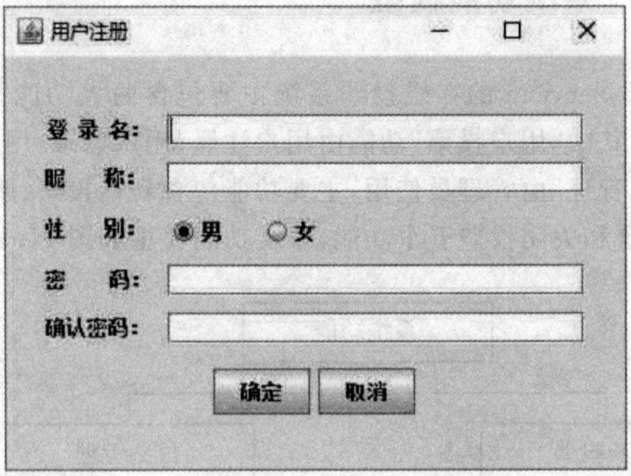

图 11.3　用户注册

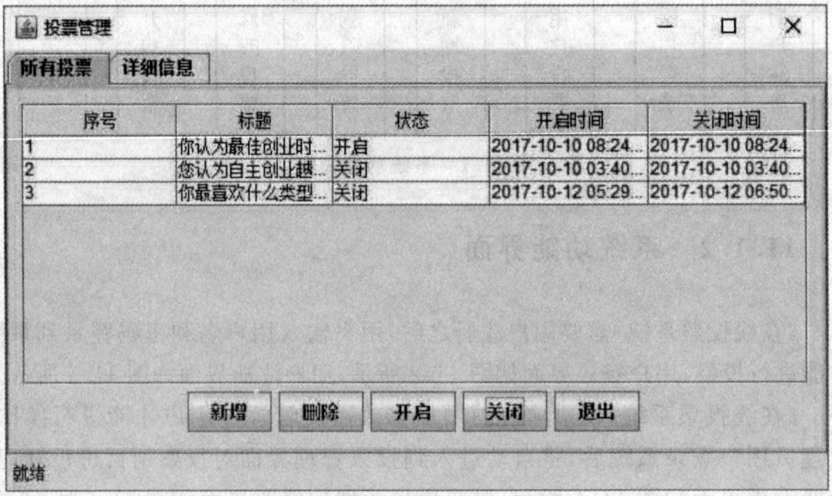

图 11.4　投票项目管理

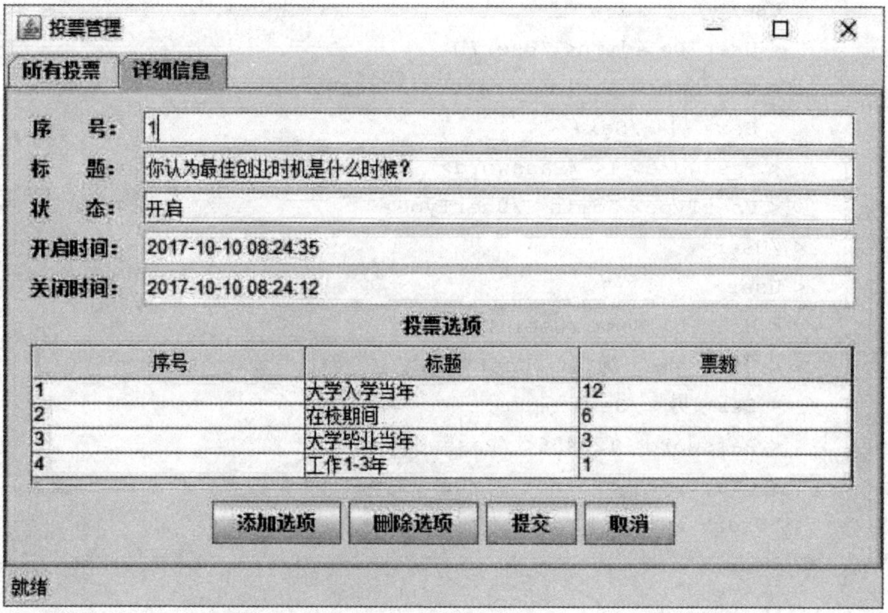

图 11.5　投票信息修改

11.2　系统设计

11.2.1　XML 数据模型设计

1. XML 数据文件

基于 Web Servicer 的在线投票系统的所有数据由 XML 文档存储，XML 数据文件由 Users. xml，Votes. xml 和 Records. xml 三个 XML 文档组成。

Users. xml：用于保存用户信息

Votes. xml：用于保存投票信息

Records. xml：用于保存投票记录

(1)Users. xml

Users. xml 文档用于保存用户信息，主要包括：登录 ID、用户名、性别、密码、用户类型等信息，XML 文档结构为

```
< ? xml version= "1. 0" encoding= "UTF-8"? >
< Users>
```

```
  < User>
    < UserID> Admin< /UserID>
    < UserName> Administrator< /UserName>
    < Sex> 男< /Sex>
    < Password> 1< /Password>
    < UserType> admin< /UserType>
  < /User>
  < User>
    < UserID> Tom< /UserID>
    < UserName> 汤姆< /UserName>
    < Sex> 男< /Sex>
    < Password> 123456< /Password>
    < UserType> ordinary< /UserType>
  < /User>
< /Users>
```

(2)Votes. xml

Votes. xml 文档用于保存投票信息，主要包含投票 ID、投票标题、投票状态、开启投票时间、关闭投票时间以及投票选项，XML 文档结构为

```
< ? xml version= "1. 0" encoding= "UTF-8"? >
< Votes>
  < Vote>
    < VoteID> 1< /VoteID>
    < Title> 你认为最佳创业时机是什么时候？< /Title>
    < Status> 1< /Status>
    < StartTime> 2017- 10- 10 08:24:35< /StartTime>
    < EndTime> 2017- 10- 10 08:24:12< /EndTime>
    < Item>
      < ItemID> 1< /ItemID>
      < ItemTitle> 大学入学当年< /ItemTitle>
      < Count> 10< /Count>
    < /Item>
    < Item>
      < ItemID> 2< /ItemID>
      < ItemTitle> 在校期间< /ItemTitle>
      < Count> 5< /Count>
    < /Item>
```

```
    < Item>
      < ItemID> 3< /ItemID>
      < ItemTitle> 大学毕业当年< /ItemTitle>
      < Count> 3< /Count>
    < /Item>
    < Item>
      < ItemID> 4< /ItemID>
      < ItemTitle> 工作 1- 3 年< /ItemTitle>
      < Count> 1< /Count>
    < /Item>
  < /Vote>
  < Vote>
    < VoteID> 2< /VoteID>
    < Title> 您认为自主创业越来越多地被大学生热衷的原因有哪些?
< /Title>
    < Status> 0< /Status>
    < StartTime> 2017- 10- 10 03:40:35< /StartTime>
    < EndTime> 2017- 10- 10 03:40:47< /EndTime>
    < Item>
      < ItemID> 1< /ItemID>
      < ItemTitle> 当代大学生的价值观和以往不同< /ItemTitle>
      < Count> 16< /Count>
    < /Item>
    < Item>
      < ItemID> 2< /ItemID>
      < ItemTitle> 就业形势严峻< /ItemTitle>
      < Count> 6< /Count>
    < /Item>
    < Item>
      < ItemID> 3< /ItemID>
      < ItemTitle> 盲目从众心理< /ItemTitle>
      < Count> 4< /Count>
    < /Item>
    < Item>
      < ItemID> 4< /ItemID>
      < ItemTitle> 担当起社会责任< /ItemTitle>
      < Count> 2< /Count>
```

```
    < /Item>
  < /Vote>
< /Votes>
```

(3)Records. xml

Records. xml 文档用于保存用户的投票记录,主要包含用户 ID、投票 ID 以及投票选项 ID,XML 文档结构如下所示:

```
< ? xml version= "1.0" encoding= "UTF-8"? >
< Records>
  < Record>
    < VoteID> 1< /VoteID>
    < ItemID> 1< /ItemID>
    < UserID> Tom< /UserID>
    < IP> IP< /IP>
    < VoteTime> 2017- 10- 11 03:47:11< /VoteTime>
  < /Record>
  < Record>
    < VoteID> 1< /VoteID>
    < ItemID> 2< /ItemID>
    < UserID> Mike< /UserID>
    < IP> IP< /IP>
    < VoteTime> 2017- 10- 11 03:48:11< /VoteTime>
  < /Record>
< /Records>
```

2. XML 模式文件

为了防止用户提交的 XML 数据不规范造成数据破坏进而导致系统崩溃的情况出现,在服务器读取 Votes. xml,Users. xml 文件时需要对 XML 数据文档进行 XSD 验证。

(1)Votes. xsd

在读取 Votes. xml 文件时使用 Votes. xsd 进行验证,防止 Votes. xml 数据格式破坏对投票信息造成影响。

```
< ? xml version= "1.0" encoding= "UTF-8"? >
< xs:schema xmlns:xs= "http://www.w3.org/2001/XMLSchema">
  < xs:element name= "Votes">
    < xs:complexType>
```

```
        < xs:sequence>
          < xs:element ref= "Vote" maxOccurs= "unbounded"/>
        < /xs:sequence>
      < /xs:complexType>
    < /xs:element>
    < xs:element name= "Vote">
      < xs:complexType>
        < xs:sequence>
          < xs:element name= "VoteID" type= "xs:int"/>
          < xs:element name= "Title" type= "xs:string"/>
          < xs:element name= "Status">
            < xs:simpleType>
              < xs:restriction base= "xs:byte">
                < xs:enumeration value= "0"/>
                < xs:enumeration value= "1"/>
              < /xs:restriction>
            < /xs:simpleType>
          < /xs:element>
          < xs:element name= "StartTime" type= "xs:string"/>
          < xs:element name= "EndTime" type= "xs:string"/>
          < xs:element name= "Item" maxOccurs= "unbounded">
            < xs:complexType>
              < xs:sequence>
                < xs:element name= "ItemID" type= "xs:int"/>
                < xs:element name= "ItemTitle" type= "xs:string"/>
                < xs:element name= "Count" type= "xs:int"/>
              < /xs:sequence>
            < /xs:complexType>
          < /xs:element>
        < /xs:sequence>
      < /xs:complexType>
    < /xs:element>
  < /xs:schema>
```

(2)Users. xsd

在读取 Users. xml 文件时使用 Users. xsd 进行验证，防止 Users. xml 数据格式破坏对用户信息造成影响。

```
<?xml version="1.0" encoding="UTF-8"?>
<xs:schema xmlns:xs="http://www.w3.org/2001/XMLSchema">
  <xs:element name="Users">
    <xs:complexType>
      <xs:sequence>
        <xs:element ref="User" maxOccurs="unbounded"/>
      </xs:sequence>
    </xs:complexType>
  </xs:element>
  <xs:element name="User">
    <xs:complexType>
      <xs:sequence>
        <xs:element name="UserID" type="xs:string"/>
        <xs:element name="UserName" type="xs:string"/>
        <xs:element name="Sex">
          <xs:simpleType>
            <xs:restriction base="xs:string">
              <xs:enumeration value="女"/>
              <xs:enumeration value="男"/>
            </xs:restriction>
          </xs:simpleType>
        </xs:element>
        <xs:element name="Password" type="xs:string"/>
        <xs:element name="UserType">
          <xs:simpleType>
            <xs:restriction base="xs:string">
              <xs:enumeration value="admin"/>
              <xs:enumeration value="ordinary"/>
            </xs:restriction>
          </xs:simpleType>
        </xs:element>
      </xs:sequence>
    </xs:complexType>
  </xs:element>
</xs:schema>
```

(3) Vote. xsd

管理员用户在新增、修改投票信息时使用 Vote. xsd 对用户提交的

XML 描述的投票信息进行验证，防止 Votes. xml 数据格式破坏对投票信息造成影响。

(4) User. xsd

用户注册时使用 User. xsd 对用户提交的用 XML 描述的用户信息进行验证，防止用户提交的用户信息不规范，进而防止 Users. xml 数据格式破坏对用户信息造成影响。

11.2.2　服务器端方法设计

1. VoteService 方法

在 Eclipse 中新建一个 Java 项目命名 VoteService，在该项目中创建一个 Web Service 类命名为 VoteService。为了实现如图 11.1 所示的功能，VoteService 类应包含十个方法，如表 11-1 所示。

表 11-1　VoteService 方法简介

boolean	addVote(java. lang. String userID,java. lang. String voteXml) 新增投票，只有管理员用户才能调用此方法
boolean	changeVote(java. lang. String userID,java. lang. String voteXml) 修改投票信息，只有管理员用户才能调用此方法
boolean	closeVoting(java. lang. String userID,java. lang. String voteID) 关闭投票，只有管理员用户才能调用此方法
boolean	deleteVote(java. lang. String userID,java. lang. String voteID) 删除投票，只有管理员用户才能调用此方法
java. lang. String	getAllVote(java. lang. String userID) 获取所有投票项目信息，只有管理员用户才能调用此方法
java. lang. String	getVote() 获取状态为“开启”的投票项目信息，所有用户都可调用此方法
boolean	openVoting(java. lang. String userID,java. lang. String voteID) 开启投票，只有管理员用户才能调用此方法
java. lang. String	userLogin(java. lang. String userID,java. lang. String password) 用户登录

续表

boolean	userReg(java. lang. String userID, java. lang. String userName, java. lang. String sex, java. lang. String password) 用户注册
boolean	vote(java. lang. String userID, java. lang. String voteID, java. lang. String itemID) 用户投票，只有登录用户才能调用此方法

2. VoteService 方法实现

为了实现以上方法，在项目 VoteService 项目中创建两个类 Vote 和 VoteUser 分别描述投票信息和用户信息(详见项目源代码)。VoteService 类实现的主要代码如下。

```
@ WebService(targetNamespace= "http://mywebservice.com")
public class VoteService {
  private static Document voteDoc;
  private static Document userDoc;
  private static Document recordDoc;
  private static String docPath= "datafile";
  static HashMap< String,VoteUser> loginedUser = new HashMap
< String,VoteUser> ();
  static
  {
    SAXReader reader = new SAXReader();
    try {
      voteDoc = reader.read(docPath+ "/Votes.xml");
      reader.setValidation(false);
      userDoc = reader.read(docPath+ "/Users.xml");
      recordDoc = reader.read(docPath+ "/Records.xml");
    } catch (DocumentException e) {
      e.printStackTrace();
    }
  }
  @ WebMethod
  public String getVote(){
    Document newDoc= DocumentHelper.createDocument();
```

```
        Element root = newDoc.addElement("Votes");
        List< Node> list= voteDoc.selectNodes("//Vote[Status= '
1']");
        for(Node n:list){
          Object o= n.clone();
          root.add((Node)o);
        }
        return newDoc.asXML();
      }
      @ WebMethod
      public boolean vote (String userID, String voteID, String
itemID) throws Exception{
        VoteUser user= loginedUser.get(userID);
        if(user= = null){
          throw new Exception("用户未登录");
        }
        String XPath= String.format("/Votes/Vote[VoteID= '% s
']",voteID);
        Element vote= (Element)voteDoc.selectSingleNode(XPath);
        if(vote= = null){
          throw new Exception("该投票不存在!");
        }
        if(vote.element("Status").getText().equals("0")){
          throw new Exception("该投票已关闭!");
        }
        XPath= String.format("Item[ItemID= '% s']",itemID);
        Element item= (Element)vote.selectSingleNode(XPath);
        if(item= = null){
          throw new Exception("该选项不存在!");
        }
        Element countNode= item.element("Count");
        int count= 0;
        try{
          count= Integer.valueOf(countNode.getText());
        }catch(Exception e){
        }
        countNode.setText(String.valueOf(+ + count));
```

```
        saveDoc(voteDoc,docPath+ "/Votes.xml");
        System.out.println(user+ ",投票成功!");
        saveLog(userID,voteID,itemID);
        return true;
    }
    @ WebMethod
    public boolean closeVoting (String userID, String voteID)
throws Exception{
        VoteUser user= loginedUser.get(userID);
        if(user= = null){
          throw new Exception("用户未登录");
        }
        if(! user.isAdmin())
          throw new Exception("非管理员用户!");
        String XPath= String.format ("/Votes/Vote[VoteID= '% s
']",voteID);
        Element n= (Element)voteDoc.selectSingleNode(XPath);
        if(n= = null){
          throw new Exception("该投票不存在!");
        }
        try{
          Date date= new Date();
          SimpleDateFormat sdf= new SimpleDateFormat("yyyy- MM-
dd hh:mm:ss");
          n.element("Status").setText("0");
          n.element("EndTime").setText(sdf.format(date));
          saveDoc(voteDoc,docPath+ "/Votes.xml");
          System.out.println(user+ ",关闭投票!");
        }catch(Exception e){
          e.printStackTrace();
          return false;
        }
        return true;
    }
    @ WebMethod
    public boolean openVoting (String userID, String voteID)
throws Exception{
```

```
    VoteUser user= loginedUser.get(userID);
      if(user= = null){
        throw new Exception("用户未登录");
      }
      if(! user.isAdmin())
        throw new Exception("非管理员用户!");
      try{
        String XPath= String.format("/Votes/Vote[VoteID= '% s
']",voteID);
        Element n= (Element)voteDoc.selectSingleNode(XPath);
        if(n= = null){
          throw new Exception("该项目不存在!");
        }
        Date date= new Date();
        SimpleDateFormat sdf= new SimpleDateFormat("yyyy- MM-
dd hh:mm:ss");
        n.element("Status").setText("1");
        n.element("StartTime").setText(sdf.format(date));
        saveDoc(voteDoc,docPath+ "/Votes.xml");
        System.out.println(user+ ",开启投票!");
      }catch(Exception e){
        e.printStackTrace();
        return false;
      }
      return true;
    }
    @ WebMethod
    public boolean userReg (String userID, String userName,
String sex,String password) throws Exception{
      String XPath= String.format("/Users/User[UserID= '% s
']",userID);
      Element userNode = (Element) userDoc. selectSingleNode
(XPath);
      if(userNode! = null) {
        throw new Exception("该用户已存在!");
      }
      try{
```

```
          userNode= userDoc.getRootElement().addElement("User");
          userNode.addElement("UserID").setText(userID);;
          userNode.addElement("UserName").setText(userName);;
          userNode.addElement("Sex").setText(sex);;
          userNode.addElement("Password").setText(password);;
          userNode.addElement("UserType").setText("ordinary");
          saveDoc(userDoc,docPath+ "/Users.xml");
          VoteUser user= new VoteUser(userNode.asXML());
          System.out.println(user+ ",注册成功!");
       }catch(Exception e){
          e.printStackTrace();
          return false;
       }
       return true;
    }
    @ WebMethod
    public String userLogin (String userID, String password)
throws Exception{
       String XPath= String.format("/Users/User[UserID= '% s'
and Password= '% s']",userID,password);
        Element userNode = (Element) userDoc. selectSingleNode
(XPath);
       if(userNode= = null) {
          throw new Exception("用户名或密码错误!");
       };
       String userName= userNode.elementText("UserName");
       String sex= userNode.elementText("Sex");
       String userType= userNode.elementText("UserType");
        VoteUser user= new VoteUser(userID, userName, sex, user-
Type);
       loginedUser.put(userID,user);
       System.out.println(user+ ",登录成功!");
       return userNode.asXML();
    }
  }
```

3. VoteService 发布程序实现

```
import javax.xml.ws.Endpoint;
```

```
public class VoteServicePublish{
  public static void main(String[] args) {
    String address = "http://localhost:8080/VoteService";
    VoteService service= new VoteService();
    Endpoint.publish(address,service);
    System.out.println("VoteService 发布成功!");
  }
}
```

11.2.3 用户投票客户端设计

1.用户登录

在 Eclipse 中新建一个 Java 项目命名为 VoteClient,在该项目中创建一个用户登录窗体名为 VoteLogin,用户登录窗体界面如图 11.2 所示。

```
import java.net.URL;
import java.security.Provider.Service;
import javax.xml.namespace.QName;

import com.mywebservice.* ;
public class VoteLogin extends JFrame {
  public VoteLogin(){
    ……
  }
  private void iniVoteService(){
    try {
      VoteServiceService webService= new VoteServiceService();
      voteService= webService.getVoteServicePort();
    } catch (java.lang.Exception e) {
      e.printStackTrace();
    }
  }
  private void login(){
    if(userNameField.getText().equals("")){
      lblMessage.setText("请输入用户名!");
      return;
```

```
        }
        String userID= userNameField.getText();
        String password= String.valueOf(passwordField.getPass-
word());
        try {
          String userString= voteService.userLogin(userID,password);
          curUser= new VoteUser(userString);
        } catch(java.lang.NullPointerException e){
          lblMessage.setText("无法访问服务器");
          return;
        }
        catch (java.lang.Exception e) {
          lblMessage.setText(e.getMessage());
          return;
        }
        if(curUser.isAdmin()){
          this.setVisible(false);
          VoteManage f= new VoteManage(curUser,voteService);
          f.setTitle("投票管理");
          f.setSize(600,400);
          f.setLocationRelativeTo(null);
          f.setDefaultCloseOperation(EXIT_ON_CLOSE);
          f.setVisible(true);
          return;
        }
        VoteClient f= new VoteClient(curUser,voteService);
        f.setTitle("在线投票");
        f.setSize(400,500);
        f.setLocationRelativeTo(null);
        f.setVisible(true);
        f.setDefaultCloseOperation(EXIT_ON_CLOSE);
        this.setVisible(false);
      }
      public static void main(String[] args) {
        VoteLogin f= new VoteLogin();
        f.setTitle("用户登录");
        f.setSize(400,280);
```

```
      f.setLocationRelativeTo(null);
      f.setVisible(true);
      f.setDefaultCloseOperation(EXIT_ON_CLOSE);
    }
  }
```

2.用户注册

在 VoteClient 项目中还需创建一个用户注册窗体命名为 VoteRegister,用户注册窗体界面如图 11.3 所示。

VoteRegister 类的实现代码如下。

```
import com.mywebservice.VoteService;

public class VoteRegister extends JFrame {

  public VoteRegister(){
    ……
  }
  public VoteRegister(JFrame f,VoteService voteService){
    this();
    this.loginFrame= (VoteLogin)f;
    this.voteService= voteService;
  }
  private void register() throws Exception{
    if(loginFrame= = null)
      return;
    String userID= userIDField.getText();
    String userName= userNameField.getText();
    String sex= mRadioButton.isSelected()?"男":"女";
    String password= String.valueOf(passwordField.getPass-
word());
    String password2 = String. valueOf (passwordField2. get-
Password());
    if(userID.equals("")){
      throw new Exception("用户登录名不能为空!");
    }
    if(userName.equals("")){
```

```
        throw new Exception("用户昵称不能为空!");
      }
      if(! password.equals(password2)){
        throw new Exception("两次密码不相同!");
      }
      voteService.userReg(userID,userName,sex,password);
      JOptionPane.showMessageDialog(this,"注册成功!","注册成
功",JOptionPane.INFORMATION_MESSAGE);
    }
  }
```

3. 用户投票

在 VoteClient 项目中创建一个用户投票窗体命名为 VoteClient,当用户登录成功后进入此窗体进行投票,用户投票窗体界面如图 11.6 所示。

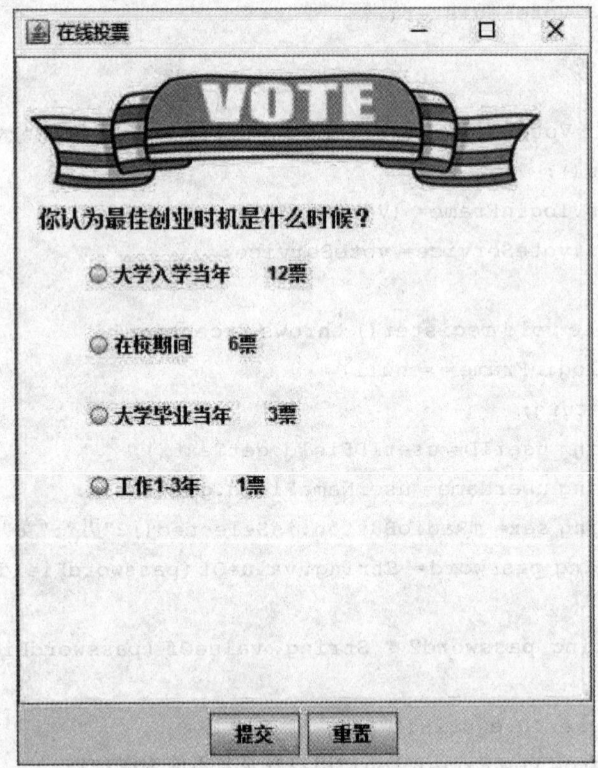

图 11.6 用户投票窗体

```
import com.mywebservice.VoteService;
import com.mywebservice.VoteServiceService;
public class VoteClient extends JFrame {
  …
  public VoteClient(){
  …
  }
  public VoteClient(VoteUser user,VoteService voteService){
    this();
    curUser= user;
    this.voteService= voteService;
    refreshDate();
    refreshPanel();
  }

  private void refreshDate()
  {
    String votesString=  voteService.getVote();
    char[] xml= votesString.toCharArray();
    CharArrayReader charReader= new CharArrayReader(xml);
    SAXReader reader =  new SAXReader();
    try {
      voteDoc =  reader.read(charReader);
      Element root= voteDoc.getRootElement();
      voteList.removeAll(voteList);
      List< Element>  list= root.elements("Vote");
      for(Element v:list){
        Vote vote= new Vote(v.asXML());
        voteList.add(vote);
      }
    } catch (DocumentException e) {
      e.printStackTrace();
    }
  }

  private void submit(){
    if(curUser= = null)
```

```
        return;
      for(MyRadioButton v:votingItem){
        if(v.isSelected()){
          try {
            voteService.vote(curUser.userID,v.getVoteID(),v.
getItemID());
          } catch (java.lang.Exception e) {
            JOptionPane.showMessageDialog(null,e.getMessage
(),"提示",JOptionPane.OK_OPTION);
          }
        }
      }
      refreshDate();
      refreshPanel();
    }
  }
```

11.2.4 投票管理客户端设计

在 VoteClient 项目中创建一个管理员用户使用的投票管理窗体命名为 VoteManage,管理员用户登录后进入投票管理窗体,投票管理界面如图 11.4 所示。

当用户双击投票项目时,进入该投票项目的详细信息标签,将显示该投票项目的详细信息包含每一个投票选项,如图 11.5 所示。

VoteManage 类的实现代码如下。

```
  public class VoteManage extends JFrame {
    private VoteService voteService;
    private Hashtable< String,Vote> voteList= new Hashtable<
String,Vote> ();
    private Vote curVote;
    private VoteUser curUser;

    public VoteManage(){
      iniTableModel();
      iniPanel1();
      iniPanel2();
```

```
    …
  }
  public VoteManage( VoteUser curUser,VoteService voteService){
    this();
    this.curUser= curUser;
    this.voteService= voteService;
    refreshData();
  }
  private void deleteVote() throws Exception{
    int row= table1.getSelectedRow();
    if(row= = - 1){
      throw new Exception("请选择要删除的项目!");
    }
     String voteID= String. valueOf (tableModel1. getValueAt
(row,0));
    String message= String.format("真的要删除\"% s\" 项目吗?",
voteID);
     if (JOptionPane. showConfirmDialog (this,message,"删除确
定",JOptionPane.OK_CANCEL_OPTION,JOptionPane.WARNING_MESSAGE)!
= JOptionPane.OK_OPTION){
      return;
    }
    voteService.deleteVote(curUser.userID,voteID);
    refreshData();
  }
  private void delVoteItem(){
    if(table2.isEditing()){
      table2.getCellEditor().stopCellEditing();
    }
    int row= table2.getSelectedRow();
    if(row= = - 1){
      lblMessage.setText("请选择要删除的项目!");
      return;
    }
    tableModel2.removeRow(row);
  }
  private void submit() throws Exception_Exception{
```

```
        if(table2.isEditing()){
          table2.getCellEditor().stopCellEditing();
        }
        Vote newVote= new Vote(idField.getText(),titleField.get-
Text());
        newVote.setStartTime(startTimeField.getText());
        newVote.setEndTime(endTimeField.getText());
        int rowCount= tableModel2.getRowCount();
        for(int i= 0;i< rowCount;i+ + ){
          String itemID= String.valueOf(tableModel2.getValueAt
(i,0));
          String itemTitle= String.valueOf(tableModel2.getVal-
ueAt(i,1));
          String count= String.valueOf(tableModel2.getValueAt(i,2));
          newVote.addVoteItem(itemID,itemTitle,count);
        }
        String message= "真的要提交修改吗?";
        if(JOptionPane.showConfirmDialog(this,message,"修改确
定",JOptionPane.OK_CANCEL_OPTION,JOptionPane.WARNING_MESSAGE)! =
JOptionPane.OK_OPTION){
          return;
        }
        if(voteList.get(newVote.getVoteID())= = null){
          voteService.addVote(curUser.userID,newVote.asXML());
        }else{
          voteService.changeVote(curUser.userID,newVote.asXML());
        }
        refreshData();
        mainPanel.setSelectedIndex(0);
      }
      private void openVote() throws Exception{
        int row= table1.getSelectedRow();
        if(row= = - 1) {
          throw new Exception("请选择一个开启的投票项目!");
        }
        String voteID= String.valueOf(tableModel1.getValueAt
(row,0));
```

```
            voteService.openVoting(curUser.userID,voteID);
            refreshData();
        }
        private void closeVote() throws Exception{
            int row= table1.getSelectedRow();
            if(row= = - 1) {
              throw new Exception("请选择一个关闭的投票项目!");
            }
             String voteID= String.valueOf(tableModel1.getValueAt
(row,0));
            voteService.closeVoting(curUser.userID,voteID);
            refreshData();
        }
    }
```

11.3　本章小结

本章主要介绍了基于 Web Service 的在线投票系统开发过程，包括功能模型、XML 数据模式以及服务器端和客户端详细设计过程。本章案例采用了 JAX-WS Web Service 开发框架，使读者能够简单快速地学会 Web Service 的开发和布置过程。

参考文献

[1]孙更新,李玉玲.XML 编程与应用教程[M].北京:清华大学出版社,2017.

[2]XML 系列教程.2017.http://www.w3school.com.cn/x.asp.

[3]JDOM.2017.http://www.jdom.org/.